U0242964

我的小小科学实验室

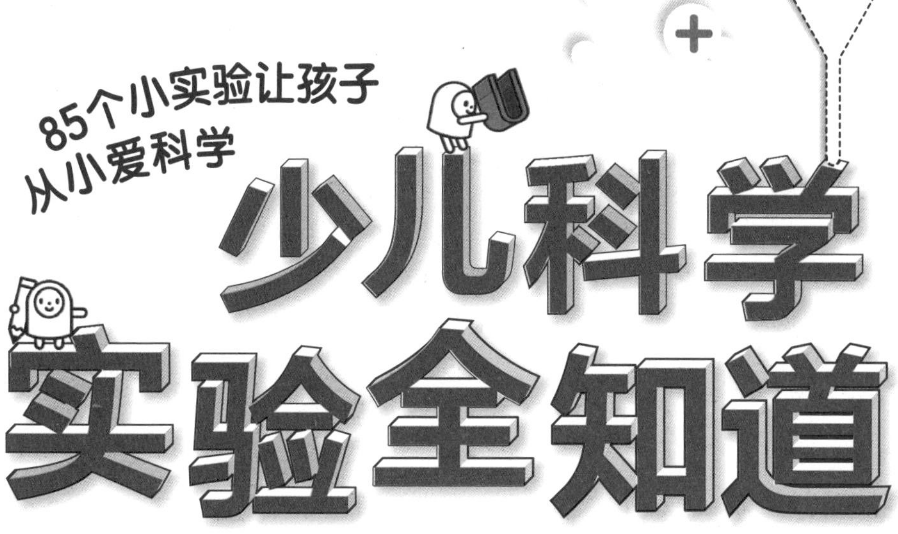

〔韩〕梁一镐／编著　洪梅／译

北京联合出版公司
Beijing United Publishing Co.,Ltd.

作者的话

不亲眼去看，不做观察，如何进行探索？

在这世界上真的有许多令人吃惊的现象。阳光普照的天空突然会下起雨来；放在窗外的玻璃杯一夜之间就结出了白霜；有些植物长得特别快，而有些植物却长得不那么快；每天月亮的模样都在发生变化。有些现象的发生看起来是理所应当的，但是如果大家理解了现象发生背后的原理，带着“为什么会发生这种事情”的疑问去探索，各位小朋友也将感受到大自然的神秘。

牛顿看到苹果掉在地上就想“为什么会掉在地上呢”，然后他就发现了重力的原理。达尔文观察到生活在加拉帕哥斯群岛上的雀科鸣鸟的鸟喙和生活在南美的鸟的鸟喙形状不一样，以此为根据提出了自然选择说的主张。开普勒在查看火星轨道的观察资料时发现当火星靠近太阳时速度会加快，远离太阳时速度又会变慢，提出了“为什么火星没有脱离轨道、为什么公转速度会发生变化”的疑问，并且最终发现了火星的椭圆形轨道。

所谓探索就是带着“为什么会这样”“怎么才能做得

到”“如果这样做的话会发生什么”这样的疑问寻找答案的过程。而为了找到答案需要我们留心观察身边的事物和自然现象，不断地去进行思考。当你通过这样的角度去观察世界时，你会发现这个世界充满了神奇的现象。

希望《少儿科学实验全知道①》可以成为小朋友们学习观察和做实验的亲切向导。本书对那些打眼一看就让人一身冷汗的实验，按照步骤逐一进行了说明和讲解，大家只需按照步骤执行就可以轻松地理解实验内容。希望这本书可以为大家的实验探索注入活力，让各位体会到实验的乐趣。科学概念、探索要素、试验方法、实验中出现的结果、需要知道的知识点、神奇的科学故事等难以理解的概念本书都做了详细的说明。想要用“科学家的眼睛”来深入了解的部分也从专业的角度进行了说明，相信那些对科学学习存在恐惧感的小朋友也能够带着好奇和兴趣挑战一番。

期待各位小朋友通过《少儿科学实验全知道①》品尝一番当科学家的乐趣，体验一番大自然的神秘。

梁一镐

2010年2月

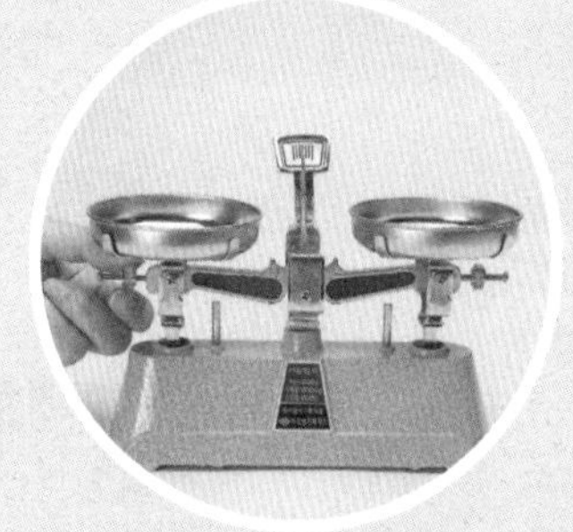

目录　85个小实验让孩子从小爱科学

地球和宇宙

本书结构

 观察　 实验　 调查

标题

这个标题告诉了我们本章节学习的主题。

核心内容

注明了与标题有关的核心内容，在这里可以知道我们到底需要了解些什么。

探索要素

以符号的形式告知大家在进行观察、预想、分类和控制变量等探索活动时需要知道的探索要素。

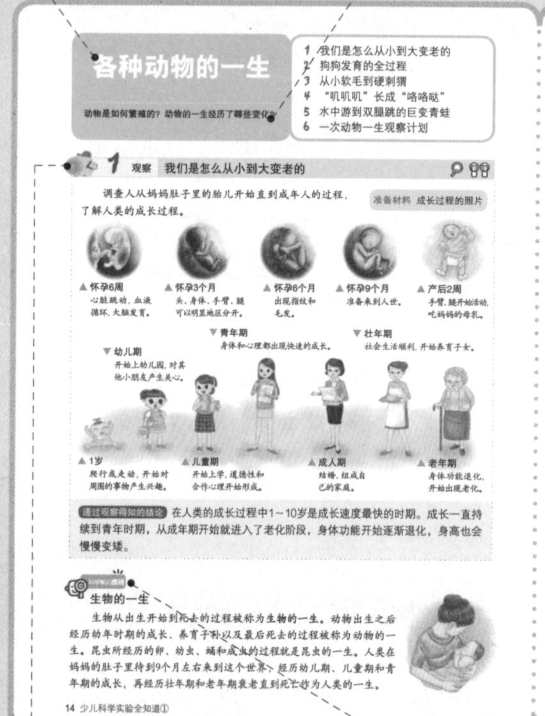

各种动物的一生

动物是如何繁殖的？动物的一生经历了哪些变化？

1 我们是怎么从小到大变老的
2 狗狗发育的全过程
3 从小软毛到硬刺猬
4 “叽叽叽”长成“咯咯哒”
5 水中游到双腿跳的巨变青蛙
6 一次动物一生观察计划

1 观察　我们是怎么从小到大变老的

调查人从妈妈肚子里的胎儿开始直到成年人的过程，了解人类的成长过程。

准备材料　成长过程的照片

▲怀孕6周　心脏跳动，血液循环，大脑发育。
▲怀孕3个月　头、身体、手臂、腿可以明显地区分开。
▲怀孕6个月　出现指纹和毛发。
▲怀孕9个月　准备来到人世。
▲产后2周　手臂、腿开始活动，吃妈妈的母乳。
▼幼儿期　开始上幼儿园，对其他小朋友产生关心。
▼青年期　身体和心理都出现快速的成长。
▼壮年期　社会生活顺利，开始养育子女。
▲1岁　爬行或走动，开始对周围的事物产生兴趣。
▲儿童期　开始上学，道德性和合作心理开始形成。
▲成人期　结婚，组成自己的家庭。
▲老年期　身体功能退化，开始出现老化。

通过观察得知的结论　在人类的成长过程中1～10岁是成长速度最快的时期。成长一直持续到青年时期，从成年期开始就进入了老化阶段，身体功能开始逐渐退化，身高也会慢慢变矮。

生物的一生

生物从出生开始到死去的过程被称为生物的一生。动物出生之后经历幼年时期的成长、养育子孙以及最后死去的过程被称为动物的一生。昆虫所经历的卵、幼虫、蛹和成虫的过程就是昆虫的一生。人类在妈妈的肚子里待到9个月左右来到这个世界，经历幼儿期、儿童期和青年期的成长，再经历壮年期和老年期衰老直到死亡作为人类的一生。

14 少儿科学实验全知道①

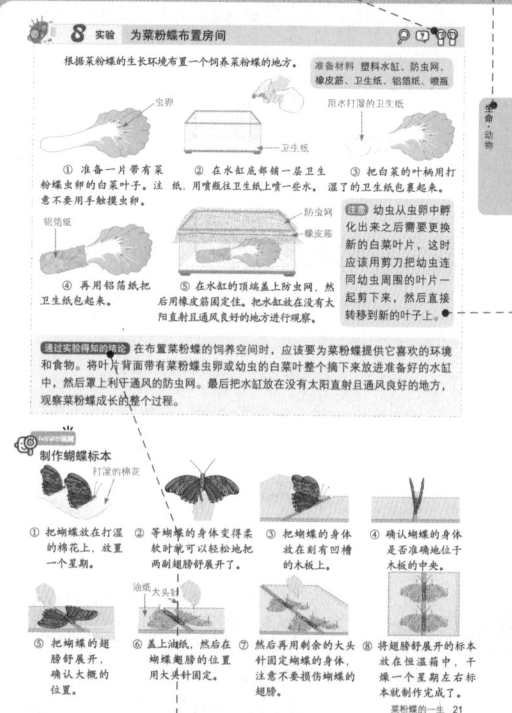

8 实验　为菜粉蝶布置房间

根据菜粉蝶的生长环境布置一个饲养菜粉蝶的地方。

准备材料　塑料水缸、防虫网、橡皮筋、卫生纸、铝箔纸、喷瓶

① 准备一片带有菜粉蝶虫卵的白菜叶子。注意不要用手触摸虫卵。

② 在水缸底部铺一层卫生纸，用喷瓶往卫生纸上喷一些水。

③ 把白菜的叶柄用打湿了的卫生纸包裹起来。

④ 再用铝箔纸把卫生纸包起来。

⑤ 在水缸的顶端盖上防虫网，然后用橡皮筋固定住。把水缸放在没有太阳直射且通风良好的地方进行观察。

注意　幼虫从虫卵中孵化出来之后需要更换新的白菜叶片，这时应该用剪刀把幼虫连同幼虫周围的叶片一起剪下来，然后直接转移到新的叶子上。

生命·动物

通过实验得知的结论　在布置菜粉蝶的饲养空间时，应该要为菜粉蝶提供它喜欢的环境和食物。将叶片背面带有菜粉蝶虫卵或幼虫的白菜叶整个摘下来放进准备好的水缸中，然后罩上利于通风的防虫网。最后把水缸放在没有太阳直射且通风良好的地方，观察菜粉蝶成长的整个过程。

制作蝴蝶标本

① 把蝴蝶放在打湿的棉花上，放置一个星期。

② 等蝴蝶的身体变得柔软时就可以轻松地把两副翅膀舒展开了。

③ 把蝴蝶的身体放在刻有凹槽的木板上。

④ 确认蝴蝶的身体是否准确地位于木板的中央。

⑤ 把蝴蝶的翅膀舒展开，确认大概的位置。

⑥ 盖上油纸，然后在蝴蝶翅膀的位置用大头针固定。

⑦ 然后再用剩余的大头针固定蝴蝶的身体，注意不要损伤蝴蝶的翅膀。

⑧ 将翅膀舒展开的标本放在恒温箱中，干燥一个星期左右标本就制作完成了。

菜粉蝶的一生 21

探索活动编号和分类

本书对每个主题都进行了编号，并按照实验、观察和调查进行了分类。

科学家的眼睛

在这里可以深入学习与探索活动有关的扩充知识和概念。

需要知道的知识点

通过实验、观察和调查能够了解到的知识都在这里进行了整理和总结。

索引

两个领域的分类和大标题出现在这里。

注意

告知在进行探索活动时需要注意的内容。

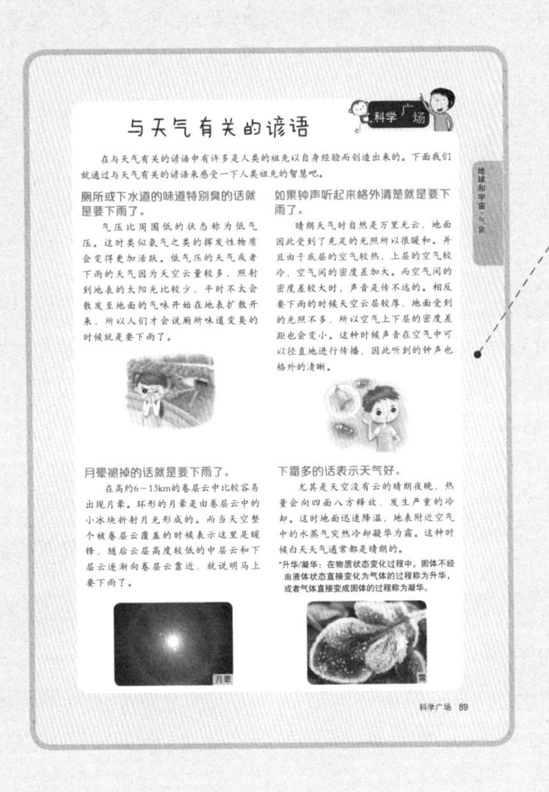

科学广场

与天气有关的谚语

在与天气有关的谚语中有许多是人类的祖先以自身经验而创造出来的。下面我们就通过与天气有关的谚语来感受一下人类祖先的智慧吧。

厕所或下水道的味道特别臭的话就是要下雨了。

气压比周围低的状态称为低气压。这时类似氨气之类的挥发性物质会变得更加活跃。低气压的天气或者下雨的天气因为天空云量较多，照射到地表的太阳光比较少，平时不太会散发至地面的气味开始在地表扩散开来，所以人们才会说厕所味道变臭的时候就是要下雨了。

如果钟声听起来格外清楚就是要下雨了。

晴朗天气时自然是万里无云，地面因此受到了充足的光照所以很暖和。并且由于底层的空气较热，上层的空气较冷，空气间的密度差加大。而空气间的密度差较大时，声音是传不远的。相反要下雨的时候天空云层较厚，地面受到的光照不多，所以空气上下层的密度差距也会变小。这种时候声音在空气中可以径直地进行传播，因此听到的钟声也格外的清晰。

月晕褪掉的话就是要下雨了。

在高约6～13km的卷层云中比较容易出现月晕。环形的月晕是由卷层云中的小冰块折射月光形成的。而当天空整个被卷层云覆盖的时候表示这里是暖锋，随后云层高度较低的中层云和下层云逐渐向卷层云靠近，就说明马上要下雨了。

月晕

下霜多的话表示天气好。

尤其是天空没有云的晴朗夜晚，热量会向四面八方释放，发生严重的冷却。这时地面迅速降温，地表附近空气中的水蒸气突然冷却凝华为霜。这种时候白天天气通常都是晴朗的。

*升华/凝华：在物质状态变化过程中，固体不经由液体状态直接变化为气体的过程称为升华，或者气体直接变成固体的过程称为凝华。

霜

地球和宇宙·气象

科学广场 89

科学广场

每个主题结束时都会有一个科学广场环节。在这里可以学习到与大标题有关的知识或者有趣的科学常识。

说明

1. 探索活动主题的选定

《少儿科学实验全知道①》在选定探索活动的主题时，对小学教科书中出现的所有实验和观察内容进行了挑选和整理，最终按照生命、地球和宇宙划分为了两个领域。

2. 探索活动主题排列和标记

首先按照生命、地球和宇宙两个领域划分单元，然后再将各个领域中类似的内容按照不同的主题进行了规整和排列。另外，本书中的探索活动均以“实验、观察、调查”作为大的探索方向。

3. 探索要素的构成

以教育课程提出的探索要素为标准，为本书整理出了“观察、分类、测量、预想、推理、沟通、控制变量、资料转换和分析”等图标化的探索要素。

实验观察解析

什么是探索方法?

虽然了解科学知识非常重要，但更重要的是了解验证科学的方法。科学探索的方法有很多种，但是其中有一部分的过程是通用的。这就是所谓的“探索过程”。在本书中强调的探索要素如下所示。

观察

探索最基础的阶段，动用所有的感官与工具（显微镜、望远镜等）搜集与问题相关信息的过程。

分类

带有一定的目的、根据事物的共同点或指定的条件对事物进行分类或归纳。

例如：有翅膀——蝴蝶、猫头鹰；没有翅膀——老虎、人类。

测量

利用尺子或温度计进行观察并完成数据化的活动。

例如：用尺子测量弹簧测力计变长之后的长度。

预想

以观察或测量到的信息为基础提前判断之后可能会发生的情况。

例如：先用手掂量重量，然后再用秤确认准确的重量。

推理

分析观察到的内容，对结果进行说明的阶段。

例如：看到装有冰水的玻璃杯外壁凝结的水滴可以推断出它是来自于空气中的水蒸气，也可以推断出它是由空气中的氧气和氢气结合而成的。

沟通

将探索出的结果和朋友们一起交流，分享彼此的想法。

例如：在有人做了关于“火山活动的灾害”的说明之后，提出火山活动是否存在益处的想法等。

控制变量

确认对实验或调查存在影响的各种条件，确保除了研究对象以外的其他条件始终保持一致。

例如：在比较花坛土壤和运动场土壤的风化程度时，除了土壤种类之外的其他条件都应保持一致，例如土壤量和水量等。

资料转换和分析

资料转换是指将测量结构记录下来之后，将测量数据制作成表格或图表以便于进行分析。

资料分析则是指对获得的资料进行分析，将其与预想或推理联系起来寻找两者之间的关系的过程。

什么是自由探索？

“自由探索”简单说来就是要求学生独立“选定探索主题、进行探索、书写报告、发表报告”，也就是由学生主导的探索学习。自由探索大体上可以分为以下6个阶段。

第1阶段 选定主题并组成探索小组

学生们就老师提出的大主题进行集体讨论。

各自提出自己想要探索的小主题，选择相同小主题的同学组成一个探索小组。

第2阶段 制订探索计划

为了解决小组选择的课题，由组员合力制订探索计划的阶段。

针对“什么人做什么事情”，“我们想要知道的内容是什么”，“到哪里可以找到需要的信息”等问题制订相应的计划。

第3阶段 实行探索及中间检查

搜集信息、分析信息、得出结论的阶段。

对搜集到的信息进行整理，交流关于发表内容的想法，小组之间进行讨论。

第4阶段 撰写最终报告

以搜集到的信息和组员之间讨论的内容为基础书写最终报告的阶段。

报告中不仅要写明主要想法和结论，信息和资料的来源以及搜集资料的方式也应该包括在内。

第5阶段 发表最终报告

对写好的报告进行发表的阶段。

发表可以通过视听资料、讨论、图表和问答等形式来进行。

第6阶段 评价

对此前的过程进行评价的阶段。

评价探索主题、过程、创意性、参与程度、发表方式等过程是否具有创意性，以及学生在整个探索过程中起到了多少主导作用。

生命

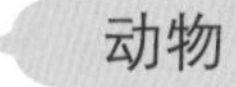

start!

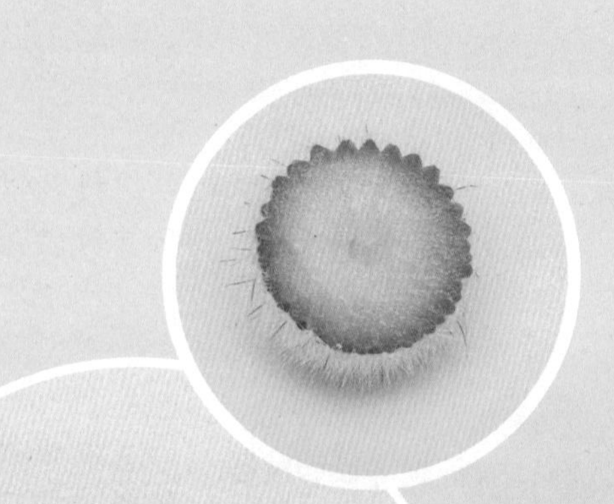

“生命”是以生物为研究对象的自然科学。生物是拥有生命的，通常可以按照动物、植物、微生物或菌类进行分类。我们探索的对象是生物的构造、功能、生长、气息和分类等。下面让我们来一起探索地球上的所有生物吧。

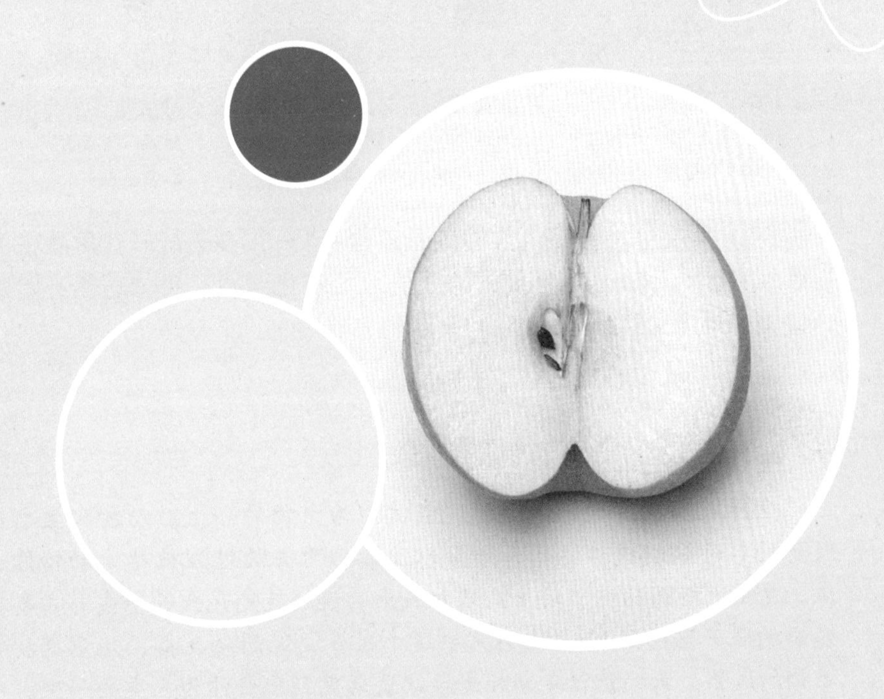

各种动物的一生

动物是如何繁殖的？动物的一生经历了哪些变化？

1 观察 我们是怎么从小到大变老的

调查人从妈妈肚子里的胎儿开始直到成年人的过程，了解人类的成长过程。

准备材料 成长过程的照片

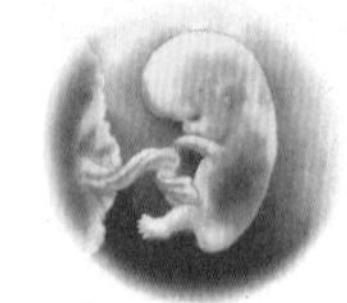

▲怀孕6周
心脏跳动，血液循环，大脑发育。

▲怀孕3个月
头、身体、手臂、腿可以明显地区分开。

▲怀孕6个月
出现指纹和毛发。

▲怀孕9个月
准备来到人世。

▲产后2周
手臂、腿开始活动，吃妈妈的母乳。

▲1岁
爬行或走动，开始对周围的事物产生兴趣。

▼幼儿期
开始上幼儿园，对其他小朋友产生关心。

▲儿童期
开始上学，道德性和合作心理开始形成。

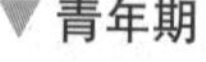

▼青年期
身体和心理都出现快速的成长。

▲成人期
结婚，组成自己的家庭。

▼壮年期
社会生活顺利，开始养育子女。

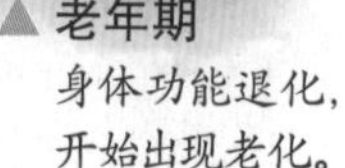

▲老年期
身体功能退化，开始出现老化。

通过观察得知的结论 在人类的成长过程中1～10岁是成长速度最快的时期。成长一直持续到青年时期，从成年期开始就进入了老化阶段，身体功能开始逐渐退化，身高也会慢慢变矮。

科学家的眼睛

生物的一生

生物从出生开始到死去的过程被称为**生物的一生**。动物出生之后经历幼年时期的成长、养育子孙以及最后死去的过程被称为动物的一生。昆虫所经历的卵、幼虫、蛹和成虫的过程就是昆虫的一生。人类在妈妈的肚子里待到9个月左右来到这个世界，经历幼儿期、儿童期和青年期的成长，再经历壮年期和老年期衰老直到死亡作为人类的一生。

2 观察 狗狗发育的全过程

让我们来观察一下周围随处可见的，也是经常被人类作为宠物饲养的狗的一生。注意观察小狗和狗妈妈在长相上有什么区别。

准备材料 动物图鉴、与动物有关的书籍

▲刚出生的小狗崽
狗交配约两个月之后会产下小狗崽。

▲产后3周
小狗崽出生2周后睁开眼睛，3周后耳朵舒展开。

◀6～8周
长出乳牙，开始玩耍打闹。

▲12个月
发育为成年狗，可以进行交配。

〈小狗和狗妈妈长相的比较〉

分类	小狗	狗妈妈
不同点	· 眼睛闭着，耳朵是扣起来的。 · 毛发湿润。 · 需要狗妈妈的保护。 · 吃狗妈妈的奶长大。	· 眼睛是睁开的。 · 耳朵是竖起的。 · 毛发比小狗的更多更长。 · 不需要狗妈妈的保护也可以生活。
相同点	· 有四条腿，浑身长有毛发。 · 长着两只耳朵、两只眼睛、一张嘴巴和一条尾巴。 · 被毛发覆盖，长相相似。	

通过观察得知的结论 狗生下小狗崽之后，小狗崽是吃狗妈妈的奶长大的。2周之后可以睁开眼睛看到前方，腿也变得有力量起来；3周以后耳朵舒展开，开始长出乳牙；6～8周断奶之后小狗开始变得十分顽皮，喜欢开玩笑；3～5个月之间小狗的身体开始迅速成长；9～12个月就可以长成为成年狗，这时就可以交配生出小狗崽了。

从小软毛到硬刺猬

观察被作为宠物来饲养的刺猬的一生，注意观察小刺猬和刺猬妈妈的长相。并以此为基础了解生育幼崽的动物的一生。

准备材料 动物图鉴、与动物有关的书籍

刚出生的幼崽

小刺猬

刺猬妈妈

〈小刺猬和刺猬妈妈长相的比较〉

分类	刚出生的小刺猬	刺猬妈妈
不同点	· 毛发的颜色很淡且柔软。 · 肚子上没有毛。 · 眼睛是闭着的。	· 毛发颜色很深且坚硬。 · 肚子上有毛。 · 眼睛是睁开的。
相同点	· 长有针状的毛发。 · 腿很短，身子粗壮。	· 有四条腿。 · 长相相似。

通过观察得知的结论 刚出生的小刺猬眼睛是闭着的，耳朵也是扣着的，所以小刺猬既看不见也听不见，而且腿上没有力气，连站都站不起来。小刺猬慢慢长大就会变成和刺猬妈妈相同的模样。小刺猬和刺猬妈妈身上都覆盖着表皮和毛发，长相几乎是一样的。

科学家的眼睛

生育幼崽的动物的特征

生育幼崽的动物都是靠喂奶来养育幼崽的，身上覆盖着毛发或表皮。交配之后经过一定的时间就会生出幼崽，幼崽和母兽的长相十分相似。

生育幼崽的动物的一生

① 作为幼崽出生，吃奶长大。

② 长出牙齿，开始吃食物。

③ 成年之后与异性交配。

④ 经过一段时间，母兽产出幼崽，并养育幼崽。

猪

黑猩猩

4 观察 “叽叽叽”长成“咯咯哒”

观察鸡的一生，同时了解产卵动物的一生。

准备材料 动物图鉴、与动物有关的书籍

▲ 成年鸡（6个月）
全身覆盖着羽毛，鸡冠清晰可见。

▲ 卵
卵呈椭圆形，被坚硬的外壳包裹着。

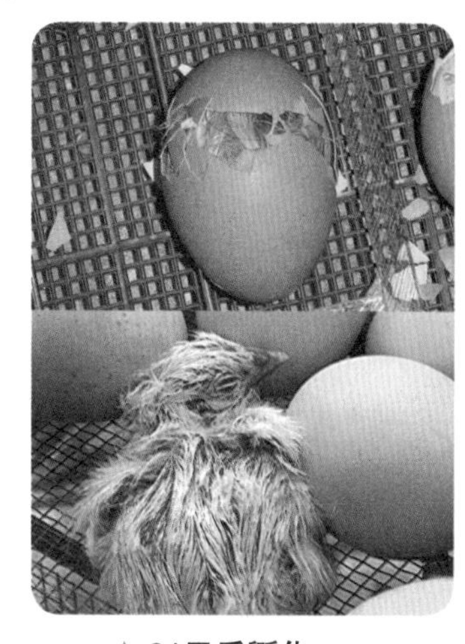

▲ 21天后孵化
鸡妈妈对卵进行21天的孵化之后，鸡仔用鸡喙破壳而出。

▲ 鸡仔
鸡仔的身体表层覆盖着绒毛。

▲ 小鸡（30天）
绒毛长成羽毛，颜色也开始变深。

〈小鸡与鸡长相的比较〉

分类	小鸡	鸡
不同点	· 不易区分公母。 · 身体上长满了绒毛。 · 鸡冠很小，不容易看出来。 · 叫声是“叽叽叽”。	· 公母区别明显。 · 身上覆盖着羽毛。 · 鸡冠明显。 · 叫声是“咯咯哒”。
相同点	· 有两条腿和翅膀。 · 飞不太起来。 · 以谷物、昆虫、蔬菜等为食。	

通过观察得知的结论 鸡妈妈对卵进行21天的孵化之后，鸡仔就会破壳而出。用嘴巴戳破蛋壳钻出来的小鸡仔身上长满了绒毛，绒毛逐渐变成羽毛，颜色慢慢变深之后，小鸡就逐渐长成了鸡妈妈的样子。小鸡孵化6个月之后就可以明显区分出公母，因为公鸡的鸡冠和尾羽跟母鸡的比起来显得华丽得多。而且只有母鸡才可以下蛋。产卵的动物和产崽的动物不同，它们不是靠喂奶来抚养幼崽的。

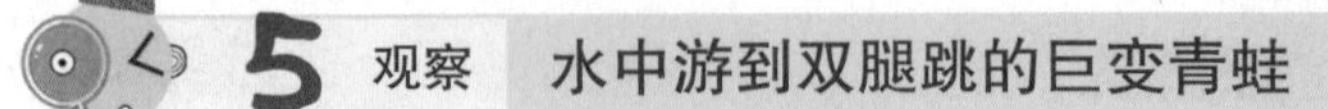

5 观察 水中游到双腿跳的巨变青蛙

观察青蛙的一生，了解从蝌蚪变成青蛙的整个过程，观察蝌蚪和青蛙之间有哪些不同之处。

准备材料 动物图鉴、与动物有关的书籍

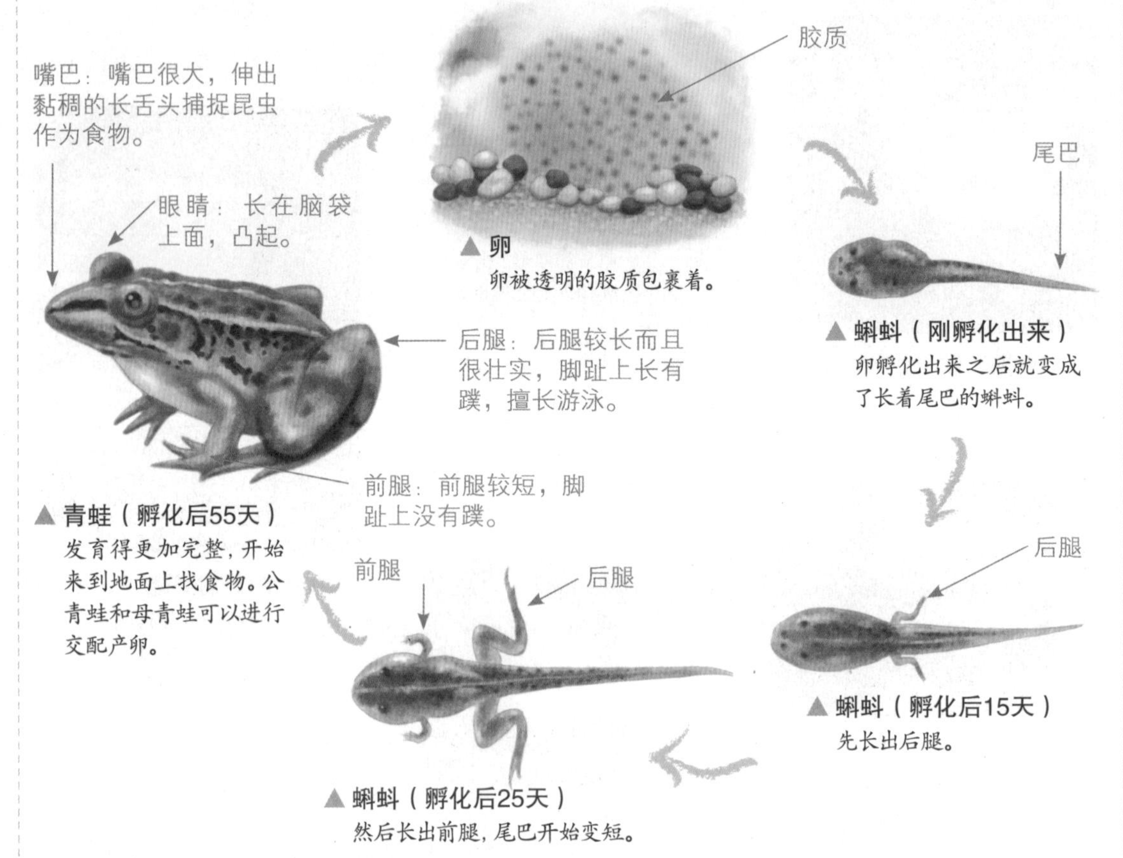

▲ 卵
卵被透明的胶质包裹着。

▲ 蝌蚪（刚孵化出来）
卵孵化出来之后就变成了长着尾巴的蝌蚪。

▲ 蝌蚪（孵化后15天）
先长出后腿。

▲ 蝌蚪（孵化后25天）
然后长出前腿，尾巴开始变短。

▲ 青蛙（孵化后55天）
发育得更加完整，开始来到地面上找食物。公青蛙和母青蛙可以进行交配产卵。

〈蝌蚪和青蛙长相的比较〉

分类	蝌蚪	青蛙
外观	没有腿，有尾巴。	有四条腿，没有尾巴。
栖息地	水里	水里或地面
活动	利用尾巴的晃动来游动。	利用双腿跳跃或游泳。
呼吸	鳃	肺和皮肤
食物	水里的浮游生物或动物的尸体	会活动的小昆虫
其他	不会发出声音。	公青蛙会发出叫声。

通过观察得知的结论 被透明胶质包裹的青蛙卵发育成鳃部发达而且长着尾巴的蝌蚪。青蛙卵孵化15天之后蝌蚪长出后腿，25天之后再长出前腿。在生长过程中蝌蚪的尾巴会逐渐变短，孵化55天之后逐渐长成成年青蛙的模样。蝌蚪长有适宜在水下生活的尾巴和鳃，而青蛙则长有适宜在陆地上生活的腿以及擅长捕捉昆虫的大嘴巴和又长又黏稠的舌头，所以青蛙和蝌蚪的长相以及生活方式都是不相同的。

6 调查 一次动物一生观察计划

挑选一种想要观察的动物，制订动物一生的观察计划。

准备材料 观察计划表，各式各样的动物照片

动物一生观察计划的顺序

①考虑动物一生的时间长度，挑选观察的对象。

②了解到哪里可以找到或买到自己挑选的观察对象。

③了解观察对象吃什么样的食物，以及在哪里可以买到它的食物。

④决定饲养的地点，思考如何布置饲养地点，以及需要准备哪些东西。

⑤决定如何打扫饲养的地点。

〈动物一生观察计划范例1〉

动物名称	锹甲
观察时间	2~3年（从锹甲卵长到成虫大约需要2~3年的时间。）
购买方法	直接采集或到宠物店购买
饲养地点	客厅的阳台
食　物	果冻、水果
布置饲养地点需要准备的东西	锹甲幼虫、发酵木屑、食物、笼子、蚊帐、玩具等

〈动物一生观察计划范例2〉

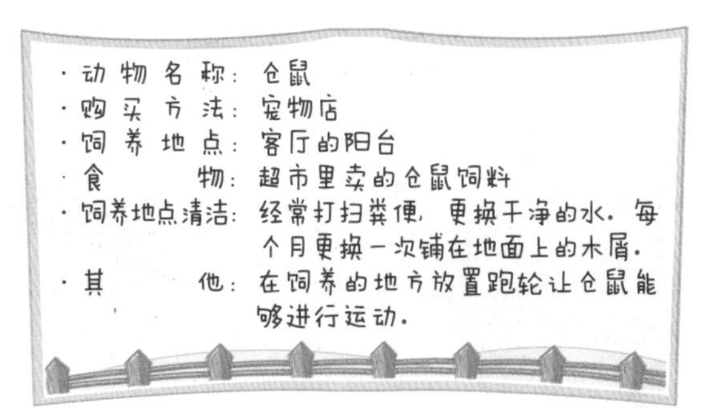

· 动物名称：仓鼠
· 购买方法：宠物店
· 饲养地点：客厅的阳台
· 食　　物：超市里卖的仓鼠饲料
· 饲养地点清洁：经常打扫粪便，更换干净的水。每个月更换一次铺在地面上的木屑。
· 其　　他：在饲养的地方放置跑轮让仓鼠能够进行运动。

通过调查得知的结论 在决定动物一生观察对象的时候，需要考虑到观察对象一生的长度、饲养的地点、购买的方式以及食物和其他用品的费用等因素。

科学家的眼睛

相较之下容易观察的动物

动物一生的观察对象应该是购买价格便宜，容易喂食，一生时间较短，体格不大，适合在家中饲养的动物。相较之下容易饲养和观察的动物有猫、白腰文鸟、仓鼠、青鳉（一种鱼）、菜粉蝶、蚂蚁、独角仙等。其中仓鼠和独角仙个头小巧，只需要准备动物、木屑、食物和笼子就可以轻松地进行饲养。而白腰文鸟性格温顺，体格结实也是非常适合在家中饲养的动物之一。虽然把好几只白腰文鸟一起放在鸟笼里也不太会打架，但如果是以繁殖为目的的话，建议只放一对白腰文鸟在鸟笼中就可以了。

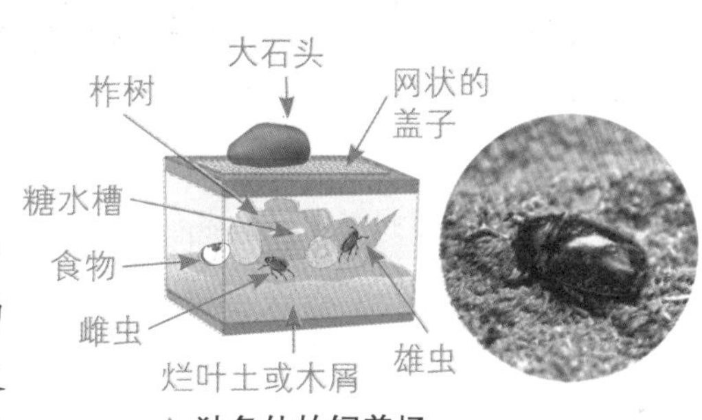

▲ 独角仙的饲养场

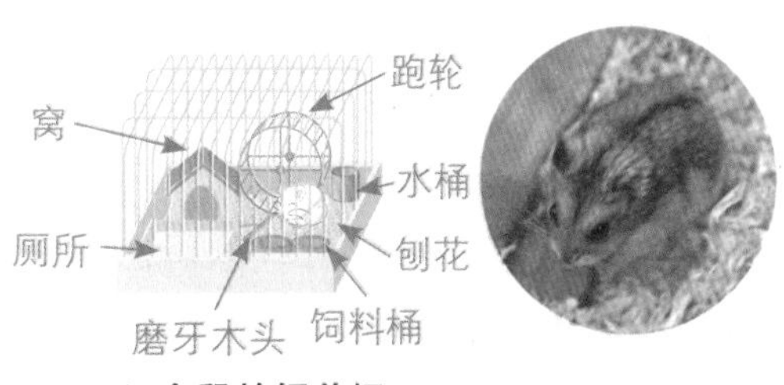

▲ 仓鼠的饲养场

菜粉蝶的一生

菜粉蝶是吃什么长大的？菜粉蝶是如何产卵的？卵和幼虫是如何发育为成虫的？

7 调查 菜粉蝶小时候吃什么

由雌性动物产出的经过一段时间会孵化出幼崽或幼虫的圆形物质就称为**卵**。**幼虫**是指从卵中孵化出来的，还没有发育完整的小虫子。为了观察动物的卵和幼虫，让我们一起来采集菜粉蝶的卵吧。同时我们也来了解一下菜粉蝶吃的食物。

菜粉蝶的卵或幼虫的采集方法

菜粉蝶的卵

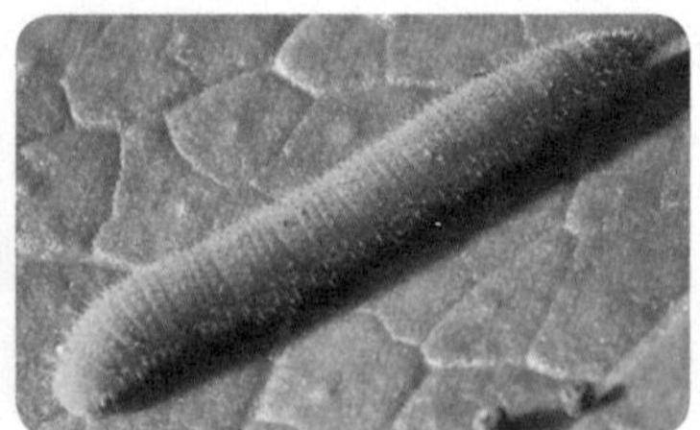

菜粉蝶的幼虫

▶ 在白菜叶的背面可以找到菜粉蝶的卵或幼虫。尤其是菜粉蝶在白菜上停留过的位置更容易找到。

▶ 能够采集到菜粉蝶的卵的地方
- 白菜、卷心菜等食物聚集的地方
- 温暖且通风的地方
- 不容易被天敌发现的地方

菜粉蝶幼虫的食物

卷心菜

甘蓝菜

萝卜

▶ 菜粉蝶的幼虫以白菜、卷心菜、萝卜、甘蓝菜、芥菜、油菜等蔬菜为食。成虫多聚集在萝卜、大蓟菜、一年蓬、抱茎苦荬菜、蔊菜、茅莓、野葵的花朵上。

通过调查得知的结论 菜粉蝶在白菜、萝卜、甘蓝菜、卷心菜等植物的叶片上产卵。所以在这些植物上菜粉蝶停留过的地方仔细观察的话就可以找到菜粉蝶的虫卵。

昆虫

昆虫是没有脊柱的无脊柱动物，属于节肢动物分类。昆虫的身体可以分为头、胸和腹三个部分，头上长有一对触角和眼睛。胸上长着3双脚和2双翅膀，腹部是一节一节的。常见的昆虫有蝴蝶、甲虫、蝉、蜻蜓、蜜蜂、草蜢和蜉蝣等。

蝴蝶

蜜蜂

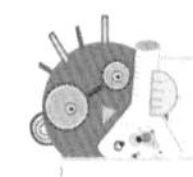

8 实验 为菜粉蝶布置房间

根据菜粉蝶的生长环境布置一个饲养菜粉蝶的地方。

准备材料 塑料水缸、防虫网、橡皮筋、卫生纸、铝箔纸、喷瓶

① 准备一片带有菜粉蝶虫卵的白菜叶子。注意不要用手触摸虫卵。

② 在水缸底部铺一层卫生纸，用喷瓶往卫生纸上喷一些水。

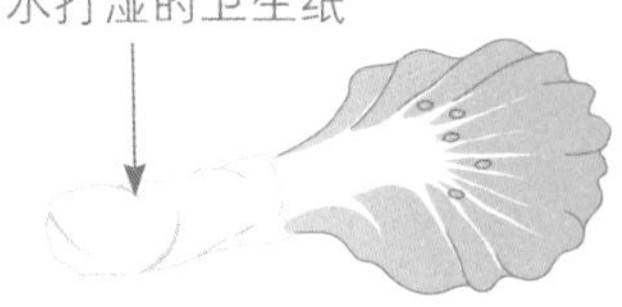

③ 把白菜的叶柄用打湿了的卫生纸包裹起来。

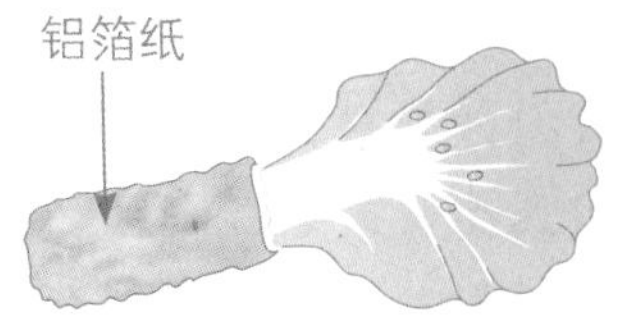

④ 再用铝箔纸把卫生纸包起来。

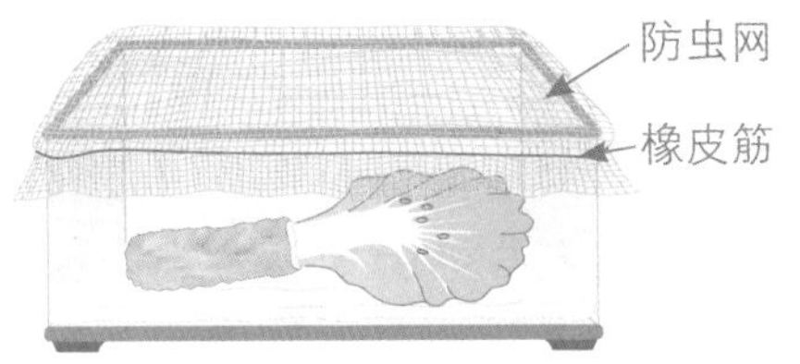

⑤ 在水缸的顶端盖上防虫网，然后用橡皮筋固定住。把水缸放在没有太阳直射且通风良好的地方进行观察。

注意 幼虫从虫卵中孵化出来之后需要更换新的白菜叶片，这时应该用剪刀把幼虫连同幼虫周围的叶片一起剪下来，然后直接转移到新的叶子上。

通过实验得知的结论 在布置菜粉蝶的饲养空间时，应该要为菜粉蝶提供它喜欢的环境和食物。将叶片背面带有菜粉蝶虫卵或幼虫的白菜叶整个摘下来放进准备好的水缸中，然后罩上利于通风的防虫网。最后把水缸放在没有太阳直射且通风良好的地方，观察菜粉蝶成长的整个过程。

科学家的眼睛

制作蝴蝶标本

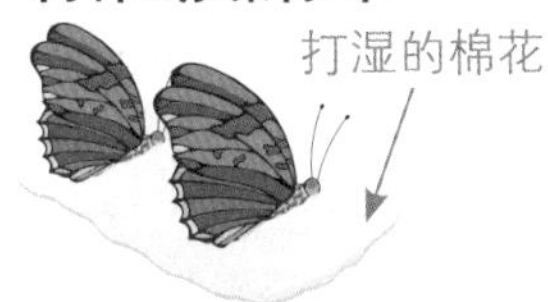

① 把蝴蝶放在打湿的棉花上，放置一个星期。

② 等蝴蝶的身体变得柔软时就可以轻松地把两副翅膀舒展开了。

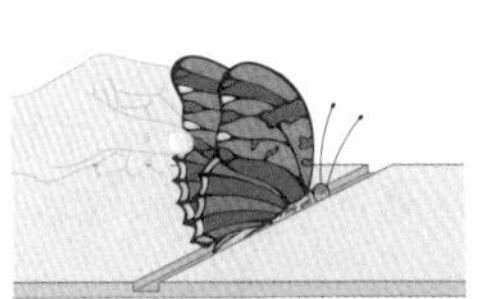

③ 把蝴蝶的身体放在刻有凹槽的木板上。

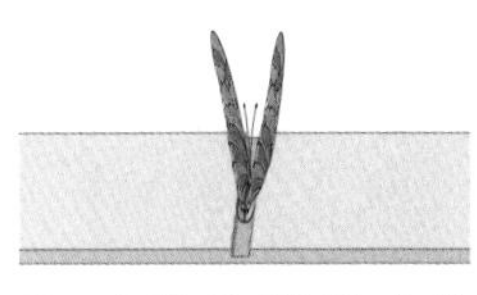

④ 确认蝴蝶的身体是否准确地位于木板的中央。

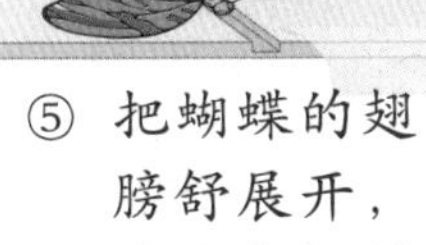

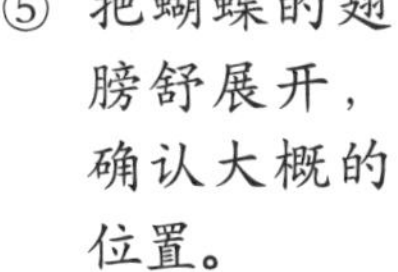

⑤ 把蝴蝶的翅膀舒展开，确认大概的位置。

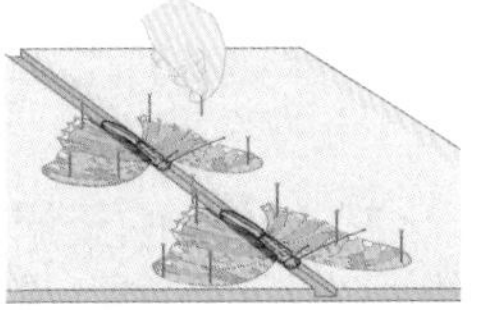

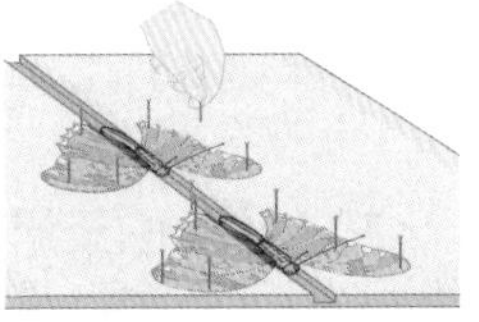

⑥ 盖上油纸，然后在蝴蝶翅膀的位置用大头针固定。

⑦ 然后再用剩余的大头针固定蝴蝶的身体，注意不要损伤蝴蝶的翅膀。

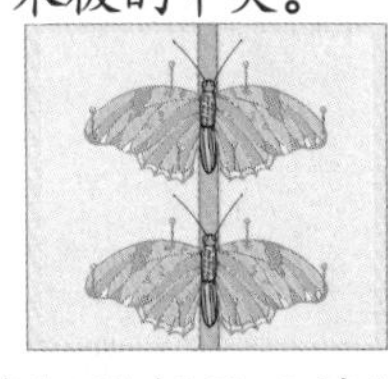

⑧ 将翅膀舒展开的标本放在恒温箱中，干燥一个星期左右标本就制作完成了。

9 观察 观察卵和幼虫

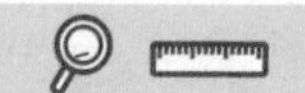

经过一段时间菜粉蝶的幼虫就会从卵里爬出来。观察幼虫从卵里爬出来的孵化过程，比较卵和幼虫的特征。

准备材料 纸笔、放大镜、尺子、彩色笔、观察记录表

卵的孵化过程

排卵5～7天之后，
幼虫就会苏醒过来，
幼虫要完全从卵里爬出来大约
需要花10分钟的时间。

▲菜粉蝶的卵

▲外壳上出现洞。

▲爬出外壳。

▲把外壳吃掉。

卵和幼虫的外观及构造

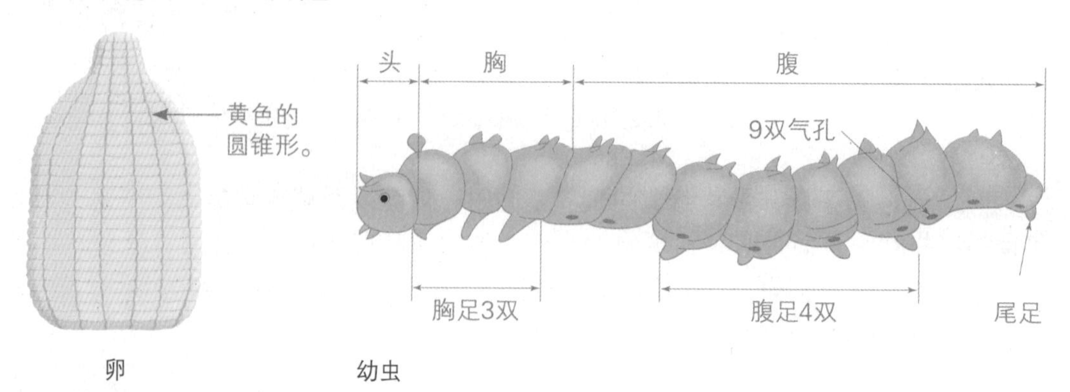

〈卵和幼虫的比较〉

分类	菜粉蝶卵	菜粉蝶的幼虫
特征	· 卵大小约1mm左右。 · 有纹理，外形呈类似玉米的圆锥形。 · 刚产下来的卵呈淡淡的豆绿色，过一段时间会变成深黄色。	· 身上长满浓密的绒毛，身体柔软。 · 呈长圆柱，有环形的关节。 · 分为头、胸和腹三个部分。 · 胸上长有3双脚。 · 腹部有9对气孔，长着5双吸盘形状的腹足。 · 刚出生的幼虫是黄色的，等幼虫开始吃食物之后就变成了和食物一样的深绿色。

通过观察得知的结论 菜粉蝶的卵形似玉米，呈圆锥状，大小约在1mm左右。排卵5～7天之后开始孵化，幼虫在穿透外壳之后会把自己卵的外壳吃掉。这是为了吸收外壳的营养，同时清除自己留下的痕迹以防被天敌发现。幼虫分为头、胸和腹三个部分，最初幼虫呈黄色，在成长的过程中逐渐会变成和食物相同的颜色。

10 观察 菜粉蝶长大了

从卵中孵化出来的幼虫吃着食物开始慢慢长大。为了了解幼虫在成长的过程中会发生哪些变化，下面我们来观察一下菜粉蝶幼虫生长的过程。

准备材料 纸笔、放大镜、尺子、彩色笔、观察记录表

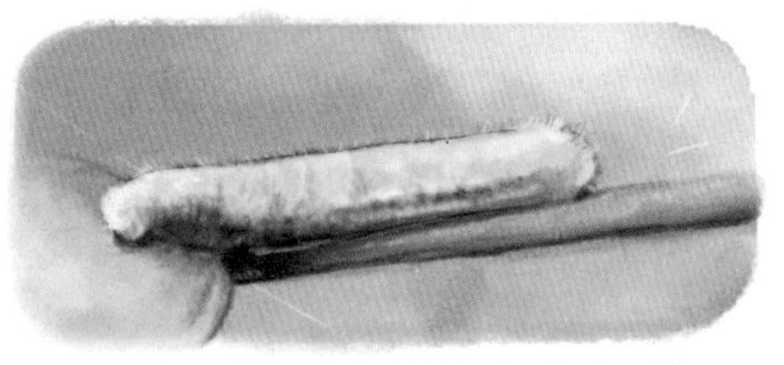

▲ 经历第一次蜕皮的幼虫（2龄）：长4～8mm
当幼虫一动不动的时候就表示它正在准备蜕皮。

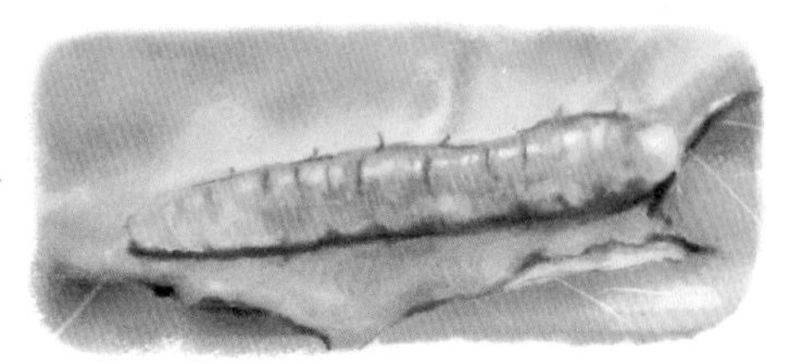

▲ 经历第二次蜕皮的幼虫（3龄）：长8～12mm
幼虫吃着食物，通过蜕皮来成长。

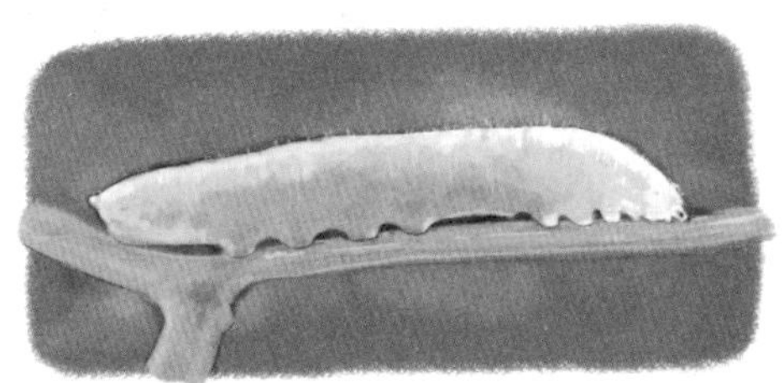

▲ 经历第四次蜕皮的幼虫（5龄）：长16～30mm
菜粉蝶在维持幼虫的状态15天之后，停止吃食物，身体逐渐变得透明，并且开始寻找安全的地方准备变成蛹。

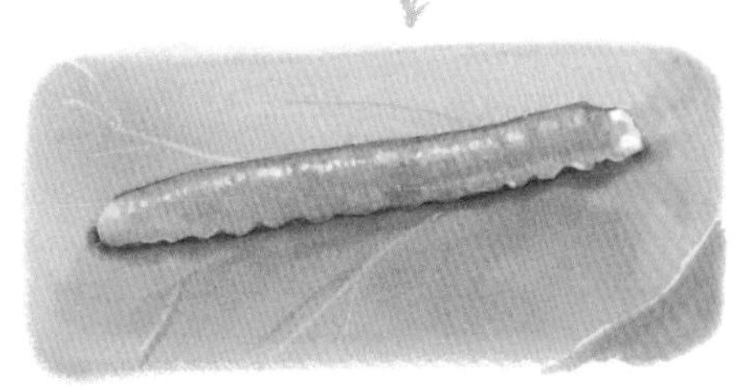

▲ 经历第三次蜕皮的幼虫（4龄）：长12～16mm
幼虫的外壳是由坚硬的甲壳质组成的，因此必须通过脱掉外壳来成长。这种过程被称为蜕皮。

通过观察得知的结论 昆虫在成长过程中需要睡四次觉，睡醒之后就完成了蜕皮，身体也就长大了。每次睡觉分别被称为1龄、2龄、3龄、4龄。幼虫睡觉需要睡上24个小时，在达到4龄的时候，往饲养场里放一根可以让幼虫攀爬的树枝，它会在树枝上变成蛹。4龄的幼虫长度可以达到3cm左右。

科学家的**眼睛**

昆虫幼虫的生存方式

由于昆虫幼虫个头小而且非常柔弱，因此很容易会成为鸟类、老鼠或其他昆虫的食物。因此为了保护自己不被天敌吃掉，幼虫们使用了各自不同的方法。菜粉蝶使用的方法是保护色，它让自己身体的颜色和周边的环境保持一致，这样不容易被天敌发现。飞蛾幼虫和枝尺蛾幼虫把自己变得和树枝或树叶的样子十分相似，以此来避开天敌的攻击。这些方式都被称为**拟态**。另外，还有些幼虫在遭到天敌的攻击时身体上会散发出非常难闻的味道，让天敌放弃吃它们。柑橘凤蝶幼虫就是其中散发臭味的高手。黄刺蛾幼虫通过身上覆盖的有毒的毛发来保护自己，弄蝶科或蓑蛾科的幼虫会利用草或树叶盖起房子把自己藏在里面。

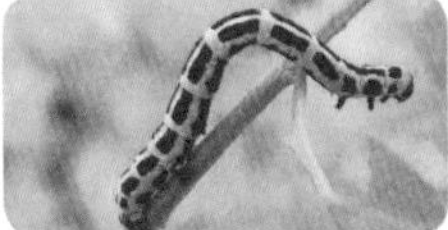

枝尺蛾幼虫

黄刺蛾幼虫

从幼虫变成了蛹

发育完全的幼虫找到安全的地方开始准备变成蛹。观察菜粉蝶幼虫变成蛹的过程，以及蛹的长相与特征。

准备材料 纸笔、放大镜、尺子、彩色笔、观察记录表

蛹形成的过程

▲停止吃食物，找到安全的地方。

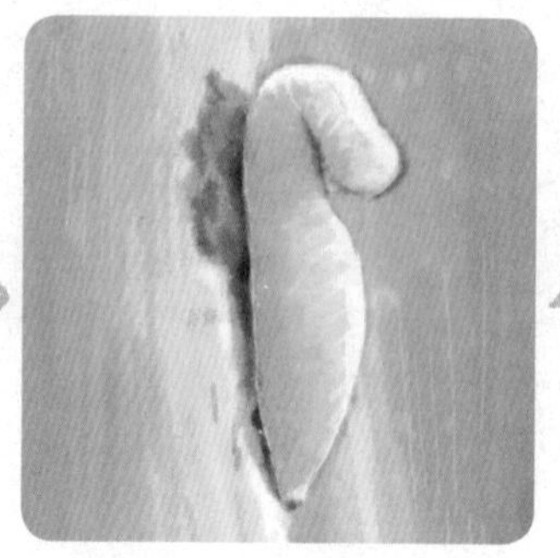

▲从嘴里吐出丝固定身体。

▲脱掉外壳，把壳褪到后面。

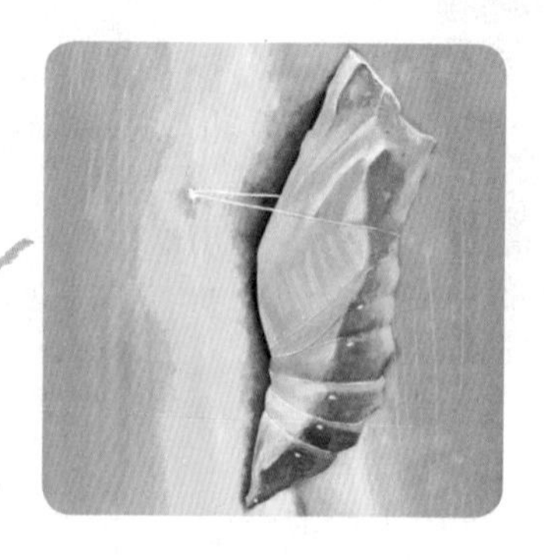

◀脱掉外壳后变成蛹。

除了缠绕在身体上的丝线以外，蛹腹部的一端还有用丝制成的丝垫，在彻底变成蛹之前是挂在丝垫上来支撑身体的。

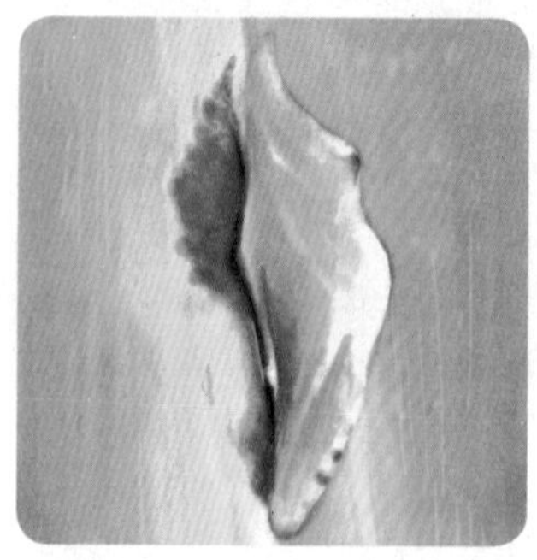

▲蛹的颜色逐渐变得与环境相似。

〈蛹的长相与特征〉

分类	菜粉蝶的蛹
外形	・表面坚硬。 ・头、胸和腹的区别不明显。 ・胸部有细丝和气孔。
颜色	・从翠绿色变成浅褐色。 ・外壳随着时间而逐渐变得透明。
大小	・蛹的长度约为25mm左右。
变化	・随着蛹的外壳变得透明，逐渐可以看到里面的蝴蝶。 ・可以看到蝴蝶翅膀上的纹理和眼睛。

蛹的结构

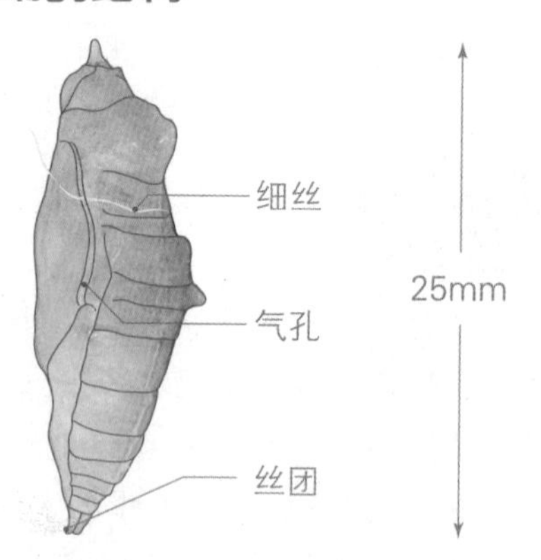

通过观察得知的结论 幼虫找到安全的地方之后，从嘴中吐出丝把身体牢牢地固定住，然后开始逐渐向蛹转变。从幼虫发育成蛹大约需要花15～20天的时间。变成蛹之后，蛹的颜色会逐渐变得与周围环境相似。过了一段时间之后，蛹的外壳变得透明，逐渐就可以看到里面蝴蝶翅膀上的纹理和眼睛。

12 观察 幼虫和蛹大不同

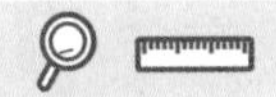

观察菜粉蝶的幼虫和蛹，比较外观、活动、食物和体型大小之间的差异。

准备材料 纸笔、放大镜、尺子、彩色笔、观察记录表

幼虫

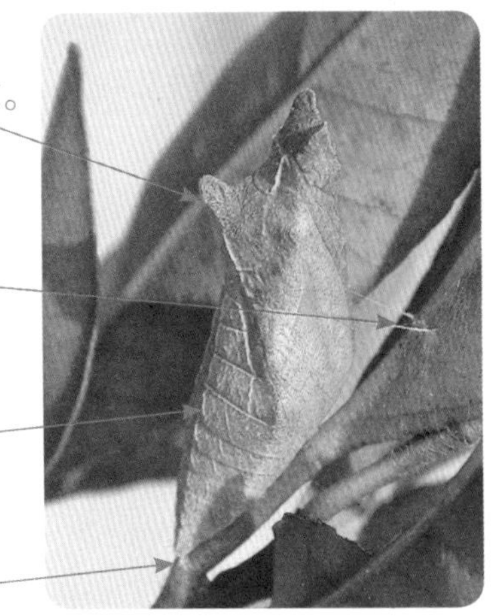

蛹

通过观察得知的结论 菜粉蝶的幼虫身体表面有柔软的绒毛，但是蛹的表面是坚硬的。幼虫不停地吃东西，但是蛹什么东西都不吃。幼虫一直在生长，而蛹在发育为成虫之前不会再继续生长，也不会动弹。

科学家的眼睛

昆虫的羽化

羽化是幼虫完全蜕化成长为成虫的过程。幼虫经过3～5次蜕皮来成长，最后经历蛹的发育拥有成虫的外形。蛹经过一段时间之后发育为成虫的过程就称为羽化。

蝉的羽化过程

▲ 背部先裂开。

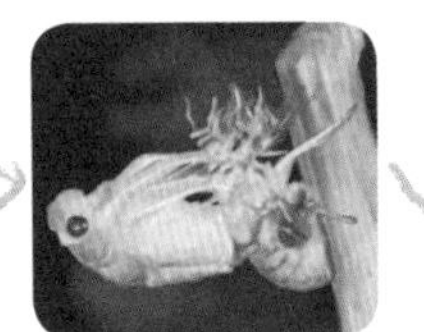

▲ 头部从外壳中伸出来。

▲ 前腿伸出外壳。

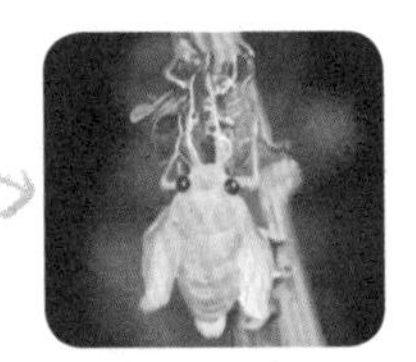

▲ 整个身体都出来之后展开翅膀。

锹甲的羽化过程

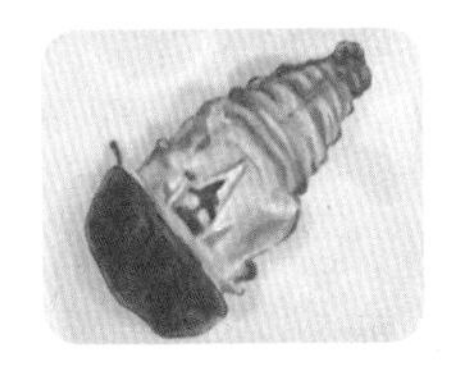

▲ 背部先裂开。

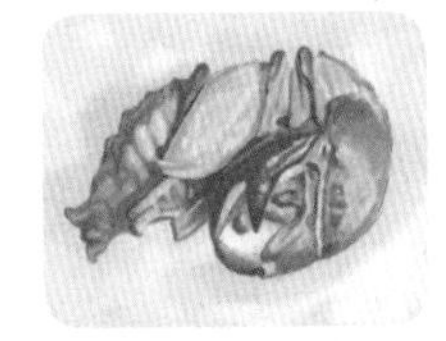

▲ 翅膀伸出外壳。

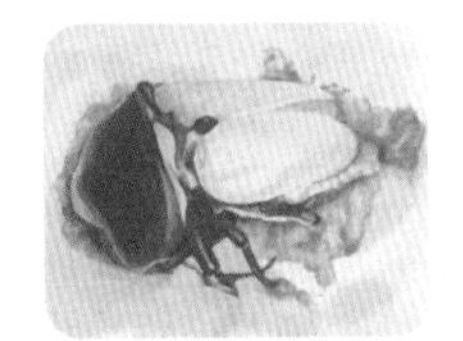

▲ 头部伸出外壳。

▲ 整个身体都出来之后展开翅膀。

终于化蛹成蝶啦

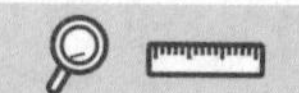

幼虫变成蛹之后一个星期左右，蛹的背部裂开，蝴蝶开始挣扎着飞出来。观察菜粉蝶从蛹中出来的过程以及菜粉蝶成虫的外观。

准备材料 纸笔、放大镜、尺子、彩色笔、观察记录表、昆虫图鉴

化蛹成蝶的过程

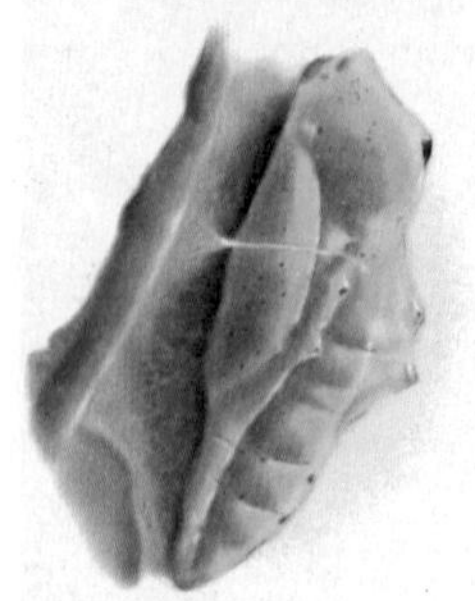

▲ 幼虫变成蛹。

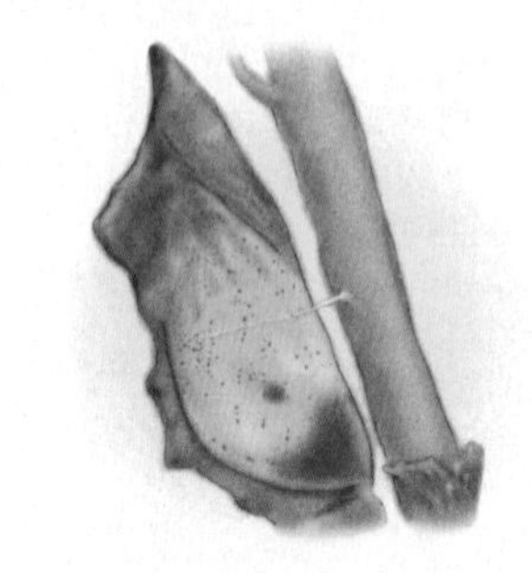

▲ 蛹表面变得透明，可以看到成虫翅膀上的纹理和眼睛。

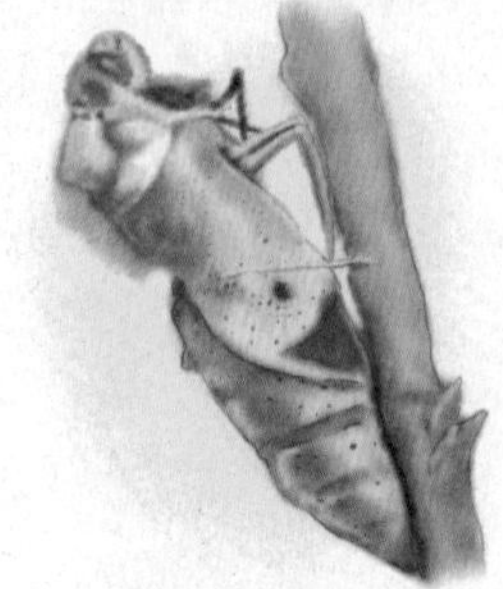

▲ 背部开裂，头和胸部伸出蛹壳。

▲ 翅膀和腹部伸出蛹壳。

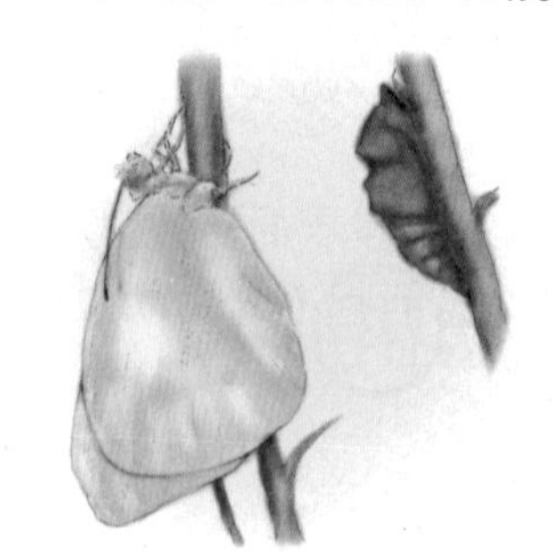

▲ 刚从蛹壳里出来的菜粉蝶翅膀是褶皱且潮湿的，所以飞不起来。

▲ 菜粉蝶成虫展开褶皱的臂膀开始飞翔。

〈菜粉蝶成虫的长相与特征〉

分类	菜粉蝶的成虫
外形	・分为头、胸和腹三个部分。 ・翅膀上覆盖有鳞片，身上长有绒毛。 ・头上长有一对触角，一双复眼和一根长长的管状嘴巴。 ・胸上长有两副翅膀和三对足。 ・腹部是一节一节的。
颜色	・翅膀灰色带有黑色纹理。 ・眼睛是黑色的。
变化	・吸食萝卜、大蓟菜、一年蓬、抱茎苦荬菜、�菜、茅莓、野葵等花的花蜜。 ・到湿地喝水。

菜粉蝶的构造

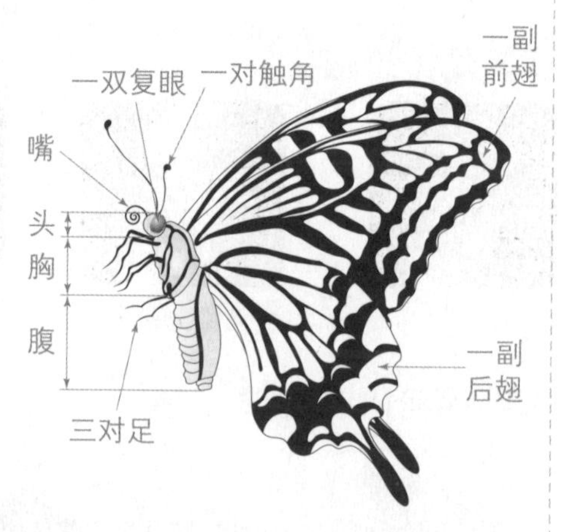

通过观察得知的结论 菜粉蝶分为头、胸和腹三个部分，头上长有触角、眼睛和嘴巴，胸上长有足和翅膀，腹部是一节一节的。

14 观察 观察菜粉蝶一生的蜕变

观察菜粉蝶一生经历卵、幼虫、蛹，最后发育为成虫的过程。

准备材料 纸笔、放大镜、尺子、彩色笔、观察记录表、昆虫图鉴

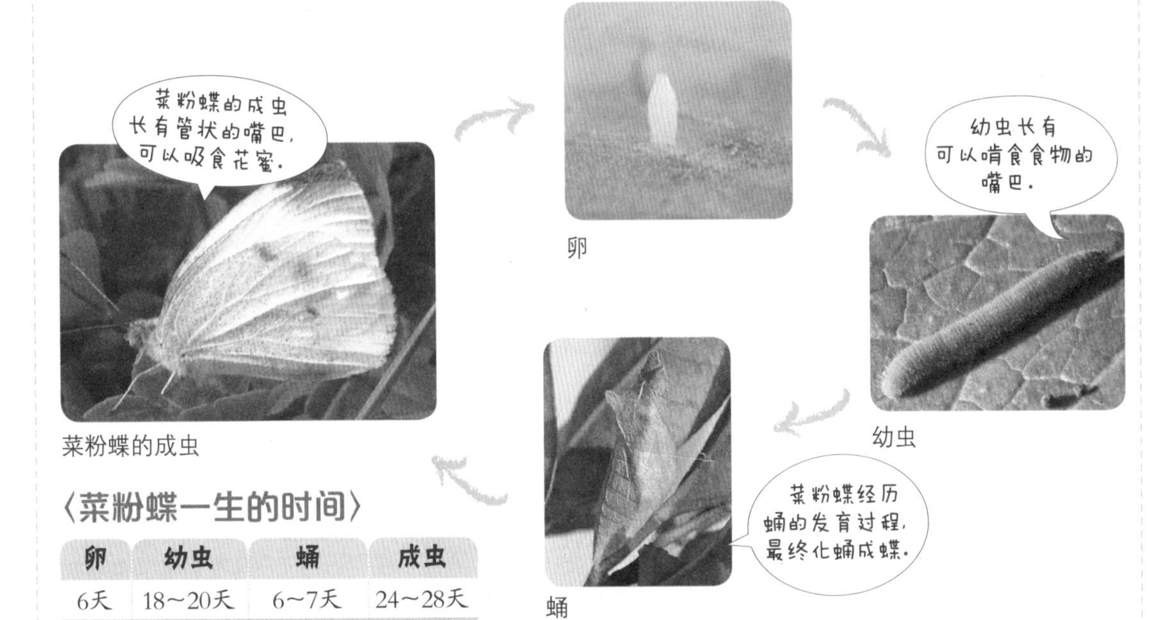

卵

幼虫

蛹

菜粉蝶的成虫

〈菜粉蝶一生的时间〉

卵	幼虫	蛹	成虫
6天	18～20天	6～7天	24～28天

通过观察得知的结论 菜粉蝶按照卵→幼虫→蛹→成虫的顺序成长，产卵5～7天之后孵出幼虫，幼虫经过4次蜕皮变成蛹。蛹的状态维持一个星期左右就可以看到蛹变成成虫的样子。这整个过程就是菜粉蝶的一生。像菜粉蝶这种在发育过程中需要经历蛹这一过程的称为完全变态的昆虫。常见的完全变态昆虫有独角仙、七星瓢虫、天牛、蜜蜂等。而在一生中不经历蛹时期的昆虫则称为不完全变态的昆虫，常见的不完全变态昆虫有草蜢、蝉等。这些昆虫幼虫时期的样子就已经和成虫非常相似。

科学家的眼睛

蝴蝶博士石宙明

韩国的蝴蝶博士石宙明（1908—1950）从小就对蝴蝶十分感兴趣，在他发现旖弄蝶时，整整追了好几个小时才把它抓住。石宙明依靠这样的毅力发现了许多不为世人所知的蝴蝶种类，每发现一种蝴蝶就给它起好名字。例如旖弄蝶、蛇眼蝶、爱珍眼蝶在韩国都是由石宙明率先发现的，韩国名称也是由他所起的。

旖弄蝶

蛇眼蝶

爱珍眼蝶

动物的长相

地球上生活着多少种动物？动物们根据各自的特征应该如何进行分类？

15 观察 长相各不相同的动物们

准备材料 动物卡片

地球上的脊椎动物种类约在43000种左右，包括其他种类动物共计73000种以上的动物是为人类所知的。动物们的长相各自不同，生活的地方和食物也都不一样。下面就让我们来观察一下各种动物的长相、栖息地和特征吧。

栖息地: 森林
身　长: 180cm左右
食　物: 野猪、獐子、山羊等
特　征: 身体上有黑色的纹理，身体很长，腿相对较短。力气很大，长着锋利的獠牙。

老虎

长颈鹿

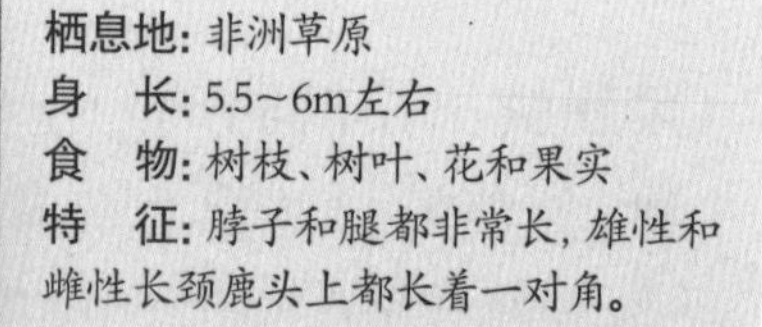

栖息地: 非洲草原
身　长: 5.5~6m左右
食　物: 树枝、树叶、花和果实
特　征: 脖子和腿都非常长，雄性和雌性长颈鹿头上都长着一对角。

鲨鱼

栖息地: 大海
身　长: 6~7m左右
食　物: 鱼、小动物
特　征: 身体呈流线型，鱼鳍非常发达。牙齿非常锋利，像锯子一样。

栖息地: 田野、城市、公园
身　长: 30cm左右
食　物: 谷物、果实、昆虫等
特　征: 按照身体比例头很小，脖子比较长。腿很短，脚前面有3根脚趾，后面有1根。

鸽子

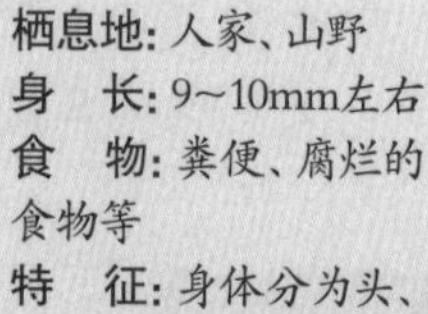

栖息地: 人家、山野
身　长: 9~10mm左右
食　物: 粪便、腐烂的食物等
特　征: 身体分为头、胸、腹三个部分。长着3双足，1副翅膀。

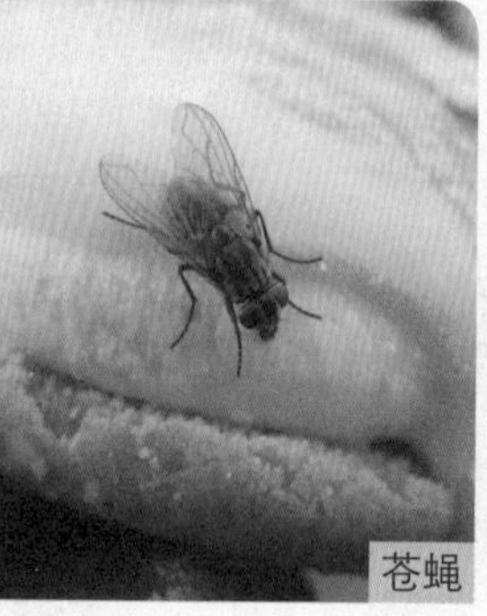

苍蝇

蜻蜓

栖息地: 幼虫生活在水中，成虫生活在池塘或水坑附近.
身　长: 45mm左右
食　物: 幼虫吃水中的小动物，成虫在飞行的过程中吃小昆虫。
特　征: 身体呈红色，分为头、胸、腹三个部分。胸上长着2副翅膀和3双足。

科学家的眼睛

动物和植物的区别

动物和植物有什么区别呢？动物会动，但是植物不会动。动物通过其他生物来摄取营养，植物是通过光合作用自行制造养分。另外，动物会对外部的刺激产生迅速的反应，而植物对外部的刺激反应较慢。

栖息地：草地
身　长：3~4cm左右
食　物：水稻等农作物
特　征：身体分为头、胸、腹三个部分，头上长着1双复眼和1对触角，还有嘴巴。胸上长着2副翅膀和3双足。

草蜢

蚯蚓

栖息地：地下
身　长：10cm左右
食　物：混杂在泥土中的食物残渣，植物碎屑
特　征：身体呈圆柱形，像一个环，由许多节组成。

栖息地：稻田或池塘周边的草地
身　长：2.5~4cm左右
食　物：昆虫、蜘蛛等会动的小动物
特　征：嘴巴很大，眼睛从头上凸出来。后腿比前腿长且更有力气，脚趾之间有脚蹼。

青蛙

企鹅

栖息地：南极大陆或周边的岛屿
身　长：75cm左右
食　物：鱼
特　征：虽然长着翅膀但是不会飞。在水里可以用翅膀像飞一样来游泳，顺便捕鱼。

栖息地：田地、河川或地势较低的山
身　长：50~200cm左右
食　物：青蛙、小鱼
特　征：身体细长，覆盖着鳞片。没有脚所以是爬行的。另外，上颚和下颚是分离的，因此可以吞食比自己嘴巴大的食物。有很强的毒性。

蛇

海星

栖息地：海底
身　长：10~20cm左右
食　物：川蜷、贝壳等
特　征：大部分的海星都长着五条臂，并伸展开呈星星的模样。生活在海底，主要以贝壳类为食。

通过观察得知的结论 动物的长相、栖息地和食物的种类是多种多样的。生活在陆地的动物和生活在大海里的动物，飞在天上的动物和飞不起来的动物，吃草的草食动物和以比自己个头小的动物为食的食肉动物，它们的长相和特征都是各自不同的。

按特征重新给小动物分类

准备材料 动物卡片

不同种类的动物具备各自不同的特征，例如有无腿，有无坚硬的外壳，栖息地，产卵还是生崽，等等。下面就让我们根据动物的特征来对它们进行分类吧。

有无腿

有腿的动物

老虎

鸡

青蛙

麻雀

狮子

鸭子

〈有四条腿〉 〈有两条腿〉

没腿的动物

金鱼

蚯蚓

蛇

有无坚硬的外壳

有坚硬的外壳

乌龟

蝲蛄

锹甲

没有坚硬的外壳

高丽雅罗鱼

鱿鱼

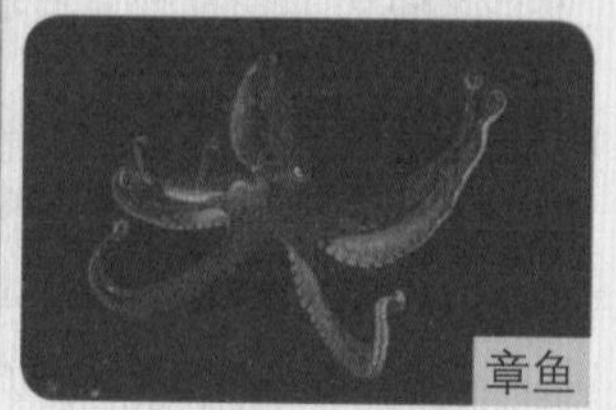

章鱼

栖息地

生活在陆地的动物

狐狸

大象

兔子

生活在水里和陆地的动物

青蛙

蛤蟆

鲵鱼

生活在水里的动物

鲨鱼

海星

海葵

通过观察得知的结论 仔细观察动物的特征就可以把类似的动物分成一类。身体的大小，有无坚硬的外壳，有无腿，生活在什么地方，繁衍后代是依靠产崽还是产卵，吃什么东西，我们可以根据许多不同的标准来对动物进行归纳和分类。

科学家的**眼睛**

可以同时在陆地和水中生活的动物

像青蛙这种刚出生的时候生活在水里，长大之后就到地面上来生活的动物被称为两栖动物。两栖动物刚出生的时候是依靠鳃呼吸的，所以生活在水中；但长大之后就改成用肺呼吸，所以也可以到陆地上来生活。正因为它们可以同时在水中和陆地上往返着生活，因此称它们为两栖动物。常见的两栖动物除了青蛙以外，还有鲵鱼、蛤蟆和北方狭口蛙。

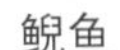
鲵鱼

蛤蟆

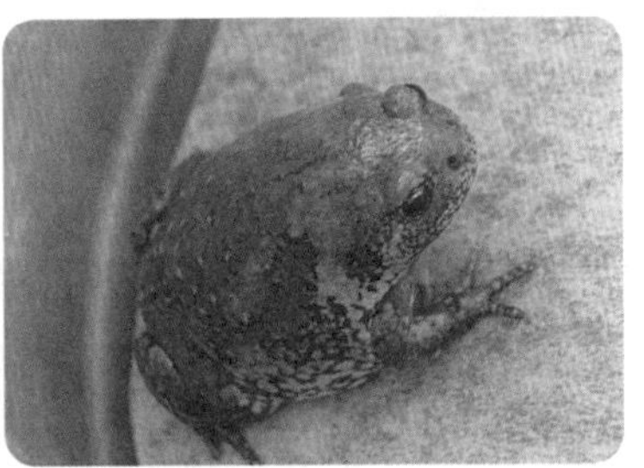
北方狭口蛙

动物生活的地方

海洋、江湖、陆地、天空都是动物生活的地方，生活在这些地方的动物外观上有什么关联？

17 观察 海洋动物大观园

比较陆地和大海的环境，了解生活在海里的动物的长相和特征。

准备材料 动物卡片

陆地和水中的环境

陆地的环境拥有丰富的氧气，而且空气的阻力远小于水的阻力。

水中的环境由于是水组成的，因此氧气比起陆地的显得稀少很多。另外水的阻力大，并且存在使物体漂浮的力量（浮力），因此行走起来相对比较困难。尤其是海水的含盐量很高，味咸，浮力也更大。

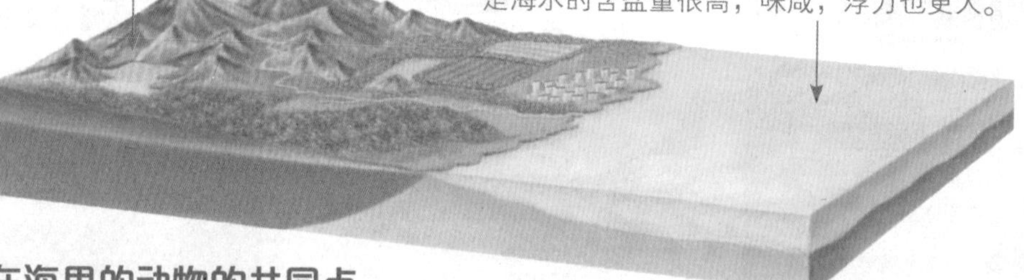

生活在海里的动物的共同点

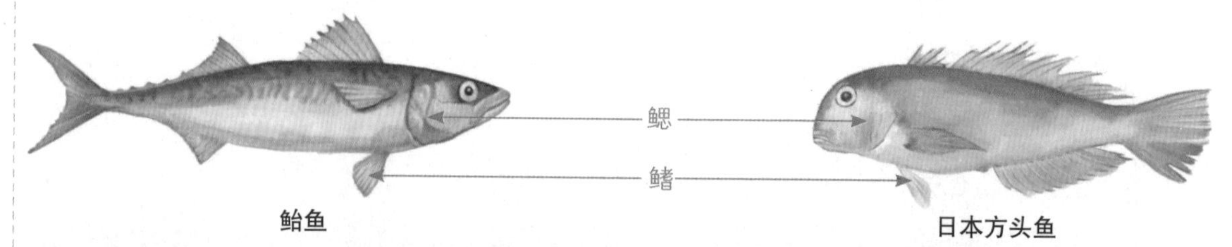

鲐鱼　　日本方头鱼

分类	生活在海里的动物特征	优点
身　形	大多数动物的身体是流线型的。	可以减少水的阻力，利于游动。
呼吸器官	用鳃来呼吸。	通过鳃吸收溶解在水中的氧气。
运动器官	长着鱼鳍。	维持身体的平衡，利于游动。

栖息地

鲸鱼和鱿鱼生活在海里，鲫鱼和水獭生活在江湖中，蝙蝠生活在洞穴里。动物们都是如此，生活在各自不同的地方。栖息地是指能够为动物提供生存所需的食物和避身所的地方，动物在长相上都具备与栖息地相符的特征。即动物们在生活的过程中逐渐适应自己所生活的环境。

适应水中生活的鱼类的形态——流线型

如果想在水中奔跑因为阻力的原因会非常困难。而流线型就能够有效地减少这样的阻力。鱼身体的形态像图（甲）中看到的一样是流线型的，这种形态和会在水中引起漩涡的图（乙）的形态相比，能够有效地减少水的阻力，更利于鱼类在水中的游动。根据这样的原理，人们把飞机或轮船的头部也制成了流线型，以减少空气和水的阻力。

（甲）流线型

（乙）非流线型

海洋动物的区别——鲨鱼和海狗

鲨鱼

虽然生活的地方相同，但是特征不同。

海狗

分类	鲨鱼	海狗
呼吸方式	用鳃来吸入氧气。	用肺来呼吸。
繁殖方式	产卵。	产崽，而且靠乳汁喂养。
活动方式	没有腿，靠鱼鳍游动。	利用形似鱼鳍的腿游动。
其他特征	没有耳朵，身上覆盖着光滑的鳞片。	有耳朵，身上没有鳞片，而是长着茂密的毛发。
分　类	属于鱼类。	属于哺乳类。

海洋动物的各种活动方式

▲ 鲍鱼
靠宽大的足贴在石头上滑行着移动。

▲ 螃蟹
靠10条腿向侧面爬行。

▲ 海星
靠5条臂后面的管足的收缩来移动。

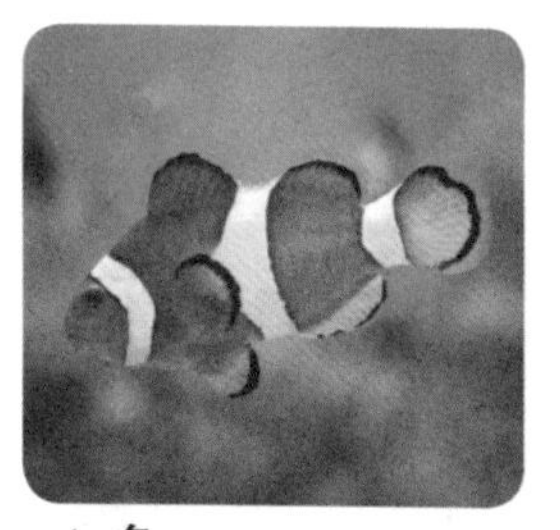
▲ 鱼
靠7片鱼鳍游动，同时维持身体的平衡。

通过观察得知的结论 鲐鱼、鲨鱼等大部分生活在海里的动物身体都是呈流线型的，依靠鳃呼吸，并且长着鱼鳍。但是像海狗这样的动物虽然生活在海里，却是靠肺进行呼吸的，用腿在海水中游动。而且它们生育幼崽，身上覆盖的不是鳞片而是皮毛。虽然大部分的海洋动物都是依靠鳍来游动的，但是也有像鲍鱼和螃蟹一样使用其他方法移动的动物。

18 观察 生活在淡水中的动物们

生活在江湖的动物和生活在咸海水中的动物有哪些不同？下面就让我们来了解一下生活在江湖的动物有哪些特征吧。

准备材料 动物卡片

江河与湖水的环境

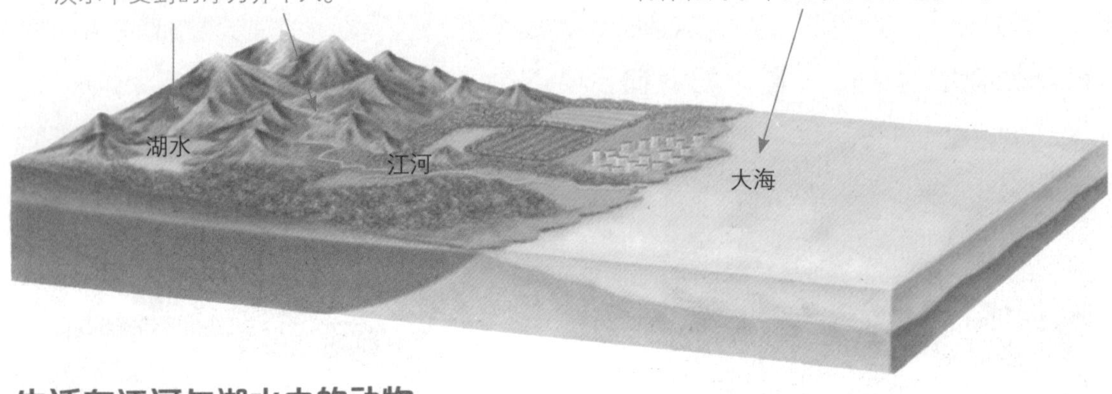

生活在江河与湖水中的动物

▲ 鲫鱼、鲤鱼
身体呈流线型，长有鱼鳍，靠身体游动，并且依靠鳃来进行呼吸。

▲ 喇蛄
靠爬行移动，依靠鳃进行呼吸。

▲ 泥鳅
表面被鳞片所覆盖，手感滑溜，长着鱼鳍，依靠鱼鳍游动。

▲ 川蜷
在黄褐色的外壳里长着由肌肉构成的脚，用脚贴在江底或石头上爬行。

科学家的眼睛

苍鹭和水獭为什么生活在江河或湖水的周边

苍鹭是一种拥有翅膀、羽毛和喙的夏季候鸟，通常两三只结成一小群生活在江河和湖水的附近，或者稻田、河口等湿地地区。原因是它可以用它细长的喙捕捉鱼、青蛙、蛇、昆虫和小鸟等生活在江河或湖水边的动物作为食物。

水獭是一种习惯生活在江或河川等有水的地方的动物。它身上覆盖着短且坚硬的毛发，这些毛发不容易被水浸湿。而且它的四条腿很短，脚趾上不仅长着指甲还有蹼，便于它在水中游动。水獭主要在晚上到水中寻找食物，它的食物是鲇鱼、乌鱼、泥鳅等鱼类以及青蛙和螃蟹等。

水獭

苍鹭

〈生活在江河与湖水中的动物的特征〉

分类	外观与特征	食物	活动方法
鲫鱼	身体呈流线型，靠鱼鳍游动，靠鳃来进行呼吸。	吃水中的小动物或植物。	靠流线型的身体和鱼鳍游动。
川蜷	被黄褐色的螺旋形外壳包裹着。	吃粘在石头上的有机物或啃食藻类。	靠由肌肉构成的宽大结实的脚贴在江底或石头上爬行。
蚬	淡水贝壳类的一种，外壳呈黄褐色或深褐色。	吃沙子或泥土中的有机物，以及浮游生物等。	从两片外壳中间伸出兔耳朵模样的脚爬行。
喇蛄	身体呈泛红的褐色，有坚硬的外壳，长着2个螯足以及8条腿。	捕食水中的微生物、水草、蝌蚪、小鱼或水底的昆虫等。	靠10条腿在石缝中爬行，或者利用尾巴在水中游动。
水黾	身体和腿都是黑色的，前腿较短，中间的腿和后腿细长。	捕捉掉落在水面上的昆虫，吸取它们的液体，或者吸食死去的鱼身体中的液体。	在水上迈着大步子走动，由于它们的脚关节上长着毫毛，以保证脚不会被水浸湿，可以漂在水面生活。
河狸	身体的颜色是栗色或黑色的，尾巴像船桨一样扁平，覆盖着鳞片。后腿发达且长着脚蹼。	啃食树枝的外皮或植物的嫩芽，冬天靠吃提前储存在池塘里的树皮来过冬。	生活在水边时就靠后腿和尾巴在水中游动 。

通过观察得知的结论 虽然生活在江河与湖水中的动物无法到咸海水中生活，但是大部分的动物也长着鱼鳍，用鳃呼吸，这与生活在海里的动物十分相似。此外生活在江河与湖水中的其他动物也都用各自的方式适应在淡水中的生活。

科学家的**眼睛**

在淡水和海水中都可以生存的洄游性鱼类

在鱼类中有一部分鱼是往返在淡水和海水之间生存的。像鲑鱼和鳗鱼这种为了寻找食物或完成繁殖目的而往返于淡水和海水之间的鱼类被称为**洄游性鱼类**。

鲑鱼

鲑鱼出生在江水中，然后游到大海中生长，成年后又为了产卵重新回到江水中。据研究，鲑鱼是依靠气味返回自己故乡的。相反，鳗鱼是在海水中出生，游到江河等淡水中生活，成年后为了产卵再次回到大海。

鳗鱼

除此之外，鲻鱼、斑鰶、虾虎鱼、暗纹东方鲀生活在淡水和海水交际的地方。这些鱼类对海水与淡水交际处不断变化的盐分有非常强的适应能力和调节能力。

和我们“共处一室”的陆地动物

准备材料 动物卡片

陆地上生活着哪些动物？生活在陆地上的动物又可以分为生活在田野、森林和地下的动物，下面我们来分别了解一下这些动物的种类与特征。

生活在田野的动物

牛

· 生育幼崽，用乳汁喂养。生活在田野上靠吃草为生。
· 身上长着褐色、黑色或白色的皮毛，有四条腿。

草蜢

· 生活在田野的昆虫，长着3双足，有翅膀。
· 身体被坚硬的外壳包裹着，呈翠绿色，啃食草类。

蜗牛

· 生活在稻田、农田或草丛中，背上背着一个卷曲缠绕的屋子。
· 身体滑溜，用肚子爬行，以白菜或生菜等植物为食。

生活在陆地的动物以生长在土地中的植物为食，依靠空气中的氧气来呼吸。

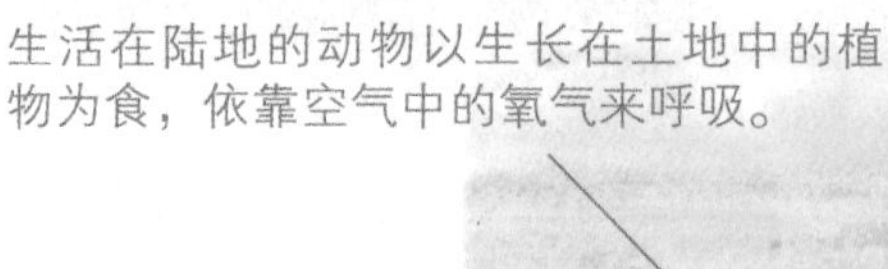

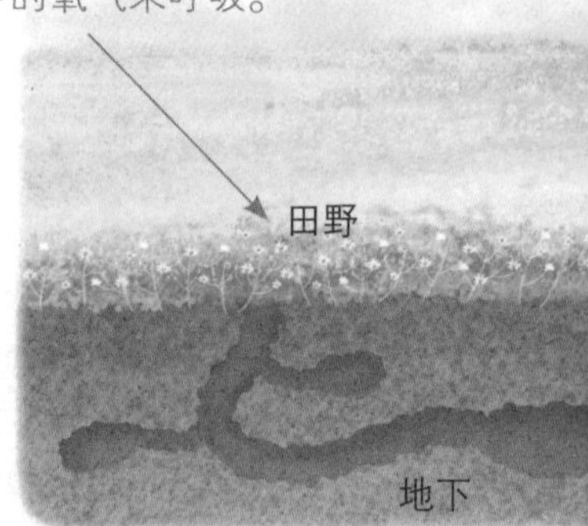

生活在地下的动物

鼹鼠

· 在地里挖隧道生活，吃地里的蚯蚓或其他昆虫。
· 前脚掌非常宽大，长着5个长长的脚趾甲，脚趾甲形似铁锹，便于挖地。
· 眼睛非常小，视力不太好。

蚂蚁

· 生活在地下的昆虫，长着3双足，身体分为头、胸、腹三个部分。
· 在地下建造蚁窝，成群结队地生活，通过分工和沟通构建秩序井然的社会。

蚯蚓

· 身体呈圆筒形，这样的体型利于在地里挖洞。
· 吃地下的有机物。蚯蚓在地里来回钻动促进土壤通风，使土地变得肥沃。
· 通过湿润的皮肤溶解空气中的氧气进行呼吸。

蝼蛄

· 靠形似铁耙子的前脚挖地，在地下来回爬动。
· 以地下的蚯蚓和植物的根部为食。
· 生活在地下，喜欢夜间出来活动，因此不太容易见到。

生活在森林的动物

貉子

- 皮毛富有光泽，大多呈黑色，嘴很尖，尾巴又粗又长。
- 通常在晚上出来活动，以田鼠、青蛙、蛇、蚯蚓、昆虫以及植物的果实为食。
- 有四条腿，生育幼崽，用乳汁喂养。

鹿

- 身体上覆盖着褐色的皮毛，雄鹿头上有角。
- 有四条腿，生育幼崽，用乳汁喂养。以柔软的草类、树皮、小树枝和植物嫩芽等为食。

松鼠

- 身体上覆盖着褐色的皮毛，皮毛有纹理，擅长爬树。
- 有四条腿，生育幼崽，用乳汁喂养。
- 以橡树果为食，寒冷的冬天会冬眠。

蛇

- 身体细长，没有腿，在地面或树木之间爬行移动。
- 身体表面覆盖着鳞片，会蜕皮。
- 靠产卵繁殖后代，靠吃活的小动物、鸟类、青蛙或者蜥蜴等为生。

〈生活在陆地的动物的特征〉

分类	特征
外观	大部分动物都有腿。
活动方法	有腿的动物靠跑或跳来移动，没有腿的动物在地面爬行移动。
呼吸方法	靠肺呼吸空气中的氧气。
其他特征	腿的数量随动物种类的不同而不同，另外还可以区分身上长有皮毛的和没有长皮毛的，总而言之，陆地上生活着许多不同的动物。

共同点

- 依靠空气进行呼吸。
- 大多生活在有草或树木的地方。
- 大多以生长在土地中的植物或动物为食。
- 大部分有腿，靠跑或跳来移动。

不同点

- 不同种类动物的腿数量不同，但也有像蛇一样没有腿的动物。
- 有腿的动物靠跑或跳来移动，没有腿的动物靠爬行来移动。
- 有的动物靠吃草为生，也有的动物靠吃其他动物为生。

通过观察得知的结论 生活在陆地上的动物拥有符合田野、森林和地下不同环境的外观特征，都按照自身的生活环境来生活。

生活在天空的动物都有哪些种类？观察生活在天空的动物的外观，找出它们之间的共同点与不同点。

准备材料 动物卡片

在天空飞翔的动物的特征

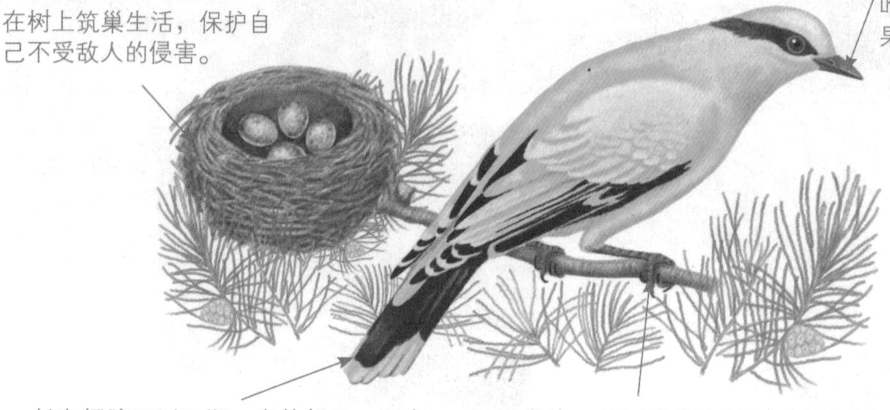

不同动物的翅膀

秃鹫的翅膀

鹈鹕的翅膀

蜻蜓的翅膀

蜂鸟的翅膀

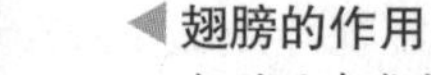

◀ 翅膀的作用

翅膀是鸟类或昆虫飞翔时必备的器官。鸟类和昆虫都长着翅膀，它们靠翅膀飞翔着移动。虽然鸟类和昆虫的翅膀外观看起来差不多，但是它们的构造是不同的。

科学家的眼睛

适于在天空飞翔的鸟类身体构造

大部分鸟类的身体构造都是为了配合翅膀的活动的。为了在天空中飞翔，首先身体必须要轻，因此骨骼内骨髓的量减到最少化，飞行时骨骼靠彼此间的支撑维持鸟身体的形态。骨骼内部的空洞对减轻身体重量起到了很大的作用。例如体重只有113克的军舰鸟翅膀展开时长度却可以达到2米。另外，鸟类为了控制翅膀的活动，胸部的肌肉和骨骼都发育得非常发达。

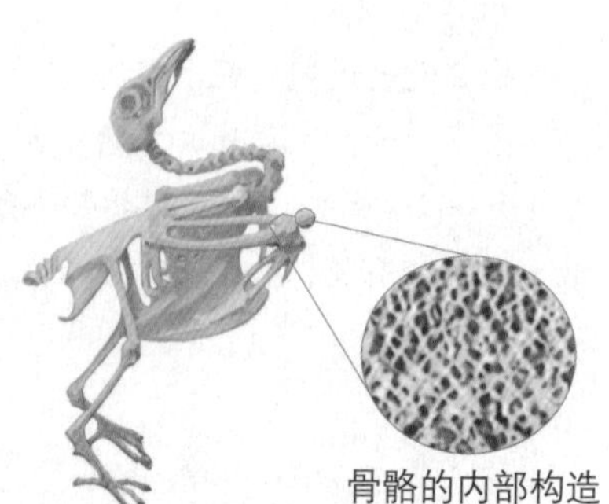

鸟类的骨骼

在天空飞翔的动物的共同点和不同点

共同点
都有翅膀和脚，都可以在天空中飞翔。

▲ **秃鹫** 属于鸟类。

有两副（四个）翅膀。

飞行途中停下来休息时，翅膀无法收拢，依然是展开的。

身体坚硬，分为头、胸、腹三个部分。

有六条腿。

▲ **蜻蜓** 属于昆虫类。

鸟类

▲ 鸟类的翅膀是由前腿演变而来的，因此内部是骨骼结构的。

昆虫类

▲ 昆虫的翅膀是由向两侧扩展成的侧背叶发展而来的。

通过观察得知的结论 生活在天空的动物们因为长着翅膀，所以可以自由飞翔，寻找食物，保护自己，筑巢造窝。而且大部分飞行动物都有脚，可以在地面停留或抓着树枝休息。这些动物都具备适合飞行的翅膀、羽毛以及轻盈的身体条件。

科学家的眼睛

有翅膀也飞不起来的动物，没有翅膀但可以飞的动物

分类	有翅膀也飞不起来的动物		没有翅膀但可以飞的动物	
外观	鸵鸟	 鸡	 飞鱼	 蝙蝠
特征	虽然长着翅膀，然而由于翅膀退化无法飞行。但是它们长着健壮的腿，最快可以跑出90km的时速。	虽然长着翅膀，然而由于翅膀退化无法飞行，只能扑腾着翅膀短暂地离地飞动。	虽然飞鱼生活在水里，但是它长着宽大的胸鳍，当它感觉到危险时会跃出水面，短暂地飞行。	虽然没有翅膀，但是前腿和后腿之间长着膜，所以可以展开膜在树木之间进行短距离的飞行。

动物生活的地方和长相

类似种类的动物长得都很相似吗？而不同种类的动物都长得不一样吗？

21 观察 观察种类相似但长相不同的动物

观察生活在不同地方的多种动物，了解它们长相的特征以及形成的原因。

准备材料 动物卡片

为了适应栖息地的食物

吃种子的雀科

吃仙人掌的雀科

为了适应环境，鸟喙的形状变得各不相同。

小且厚实。

吃树叶的雀科

吃昆虫的雀科

▲ 加拉帕哥斯群岛上的雀科鸟类迁移到各自不同的岛屿上生活，彼此之间隔着相当远的距离。这些雀科鸟类为了适应各自生活的岛屿上的食物，演变出了许多不同形状的鸟喙，按照鸟喙可以分为14类。这些雀科鸟类的觅食习惯和鸟喙都是各不相同的。

科学家的眼睛

什么是适应？

动物的身体结构或外形根据栖息地的环境发生改变的现象被称为适应。动物们都会根据各自的栖息地改变身体以适应环境和当地的生活。

例如北极熊身上长着白色的皮毛，体型庞大，适宜在北极地区生活。而马来熊为了适应在炎热的地区生活，演变出了深色的毛发以及小巧的身形。

北极熊

马来熊

保护色与拟态

保护色是指让身体显现出与周边环境相似的颜色以此来保护自己，变色龙和青蛙就会根据周边环境的颜色来改变自己身体的颜色。而**拟态**则是指用类似的形态、颜色和行动将自己伪装成其他生物，尺蠖将自己伪装成树枝以防止被其他的捕食者发现。

变色龙

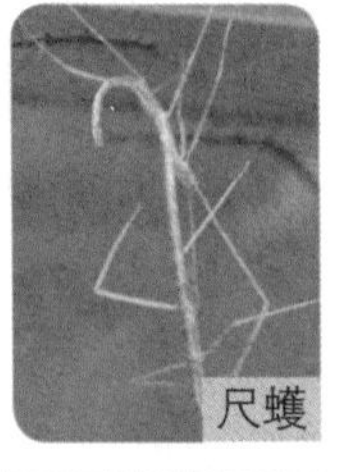
尺蠖

为了适应栖息地的温度1

沙漠狐狸

北极狐

▲ 沙漠狐狸和北极狐的皮毛颜色都与它们所生活的环境非常相似，这样是为了防止太过显眼以起到保护自身的作用。体格越小越容易释放出身体里的热量，而体格越大就越容易保存身体里的热量。耳朵越大越容易排出热量，越小越能够减少热量的损失。沙漠狐狸的身体特征是为了适应沙漠炎热的环境而演变出来的，北极狐的身体特征则是为了适应极地地区的环境而演变出来的。

为了适应栖息地的温度2

非洲企鹅

南极企鹅

通过观察得知的结论 动物们一边适应环境一边生存，因此即使是种类相似的动物，如果生活在不同的地区，为了适应当地的环境与食物，身体的结构和外观也可能演变出很大的差异。

22 观察 观察种类不同但长相类似的动物

尝试观察一下长相类似，但事实上属于不同物种的动物，了解它们适应的对象是什么。

准备材料 动物卡片

适应水中环境的动物

身体呈流线型，长有鳍。

适宜于游动的体型。

鲫鱼（鱼类）

鲨鱼（鱼类）

海豚（哺乳类）

鲤鱼（鱼类）

眼睛和鼻子的位置与水面保持水平。

虽然生活在水里，但是无法在水下呼吸，因此它们需要将鼻孔和眼睛探出水面进行呼吸。

鳄鱼（爬虫类）

河马（哺乳类）

青蛙（两栖类）

脚趾之间有脚蹼。

虽然没有鳍，但是有脚蹼，同样擅长在水里游动。

鸭子（鸟类）

青蛙（两栖类）

鸭嘴兽（哺乳类）

水獭（哺乳类）

适应空中飞行环境的动物

有翅膀。

适宜在天空中飞行。

秃鹫（鸟类）
喜鹊（鸟类）
蝙蝠（哺乳类）
蝴蝶（昆虫类）
蜻蜓（昆虫类）

通过观察得知的结论 动物适应环境的结果就是即使不同种类的动物也可能会拥有相似的身体特征。生活在水中的动物身体大多呈流线型，拥有适宜在水中游动的鳍或脚蹼等身体构造。生活在天空的动物则大多长着翅膀。

科学家的**眼睛**

生活在北极地区的动物

生活在北极地区的北极熊和北极狐虽然彼此属于不同物种，但是它们的身体都被皮毛所覆盖，而且皮毛的颜色都是相同的白色。为什么会发生这种情况呢？因为北极地区全年温度极低，陆地一直被白雪和冰川所覆盖。因此生活在北极地区的动物为了战胜极寒都长着厚实的皮毛。另外为了在皑皑白雪中保护自己的身体，皮毛的颜色演变成与周边环境相同的白色。因此，即使是不同种类的动物生活在相同的地区，为了适应相同的环境，外观上也会变得相似起来。

北极熊

北极狐

23 调查 传说中的恐龙和独角兽

准备材料 动物卡片

在这一节中我们来调查一下过去生存过但现在已经看不到的灭绝动物和现实中并不存在的假想动物。

灭绝动物

袋狼
像袋鼠一样身上有一个口袋，灭绝于1936年。

渡渡鸟
曾经生活在印度洋毛里求斯群岛的一种鸟类，灭绝于1681年。

爱尔兰鹿
灭绝于7700年前。

霸王龙
曾经生活在中生代的一种恐龙。

假想动物

龙
它长着骆驼的头，鹿的角，兔子的眼睛，牛的耳朵，蛇的脖子，蛤蜊的肚子，鲤鱼的鳞片，老虎的脚，还有老鹰的脚趾甲。

凤凰
正面看像大雁，背面看像长颈鹿。长着蛇的脖子，鱼的尾巴，白鹳的额头，鸳鸯的羽毛，龙的纹理，老虎的背，燕子的下巴还有鸡的嘴巴。

独角兽
身体像马，额头上长着一个黑色的角，有羊的胡须，羚羊的蹄以及狮子的尾巴。

不死鸟
传说它生活在阿拉伯，每500年会在太阳神的城市赫利奥波利斯出现一次。

通过调查得知的结论 灭绝动物是指现在地球上已经不存在的动物，其中一部分是因为不适应环境而灭绝的，但大部分都是因为近代人类无休止的开发和对环境的破坏而被迫灭绝的。假想动物则是现实中并不存在的动物，是由人类想象出来的。大多是出现在神话或传说中的动物，在古代人类想象中出现过的动物种类是十分丰富的。

深海里生活着哪些动物？

深海由于水非常深，所以水的压力也非常的大。阳光照射不到这里所以非常昏暗，而且食物也不是很充足。那么深海里究竟生活着哪些动物呢？

深海鱼的特征

人们通常称生活在海平面约200米以下的鱼类为深海鱼。深海鱼的种类大约有1300种，包括八目鳗类鱼、鮟鱇目、鲈形目、鳕形目、鲑目、鳗鲡目和软骨鱼纲等。深海鱼类为了适应深海水压巨大，昏暗漆黑且食物匮乏的环境，采取了各自不同的生存方式。

其中最具特色的是体色适应。因为生活在没有光照的深海里，所以很多深海鱼身体的颜色都是亮色调的。另外，为了更好地适应海底阴暗的环境，它们身体的发光器官都非常发达。发光器官是能够发出光亮的器官，它们利用这种特殊的器官认出彼此，结成鱼群，交配繁殖。

大部分深海鱼的眼睛都很大，像望远镜一样呈向外突出的管状，这样更利于聚集海底微弱的光线。而再深一些的海域是完全没有光亮的，生活在这里的深海鱼有的眼睛非常小，有的甚至没有长眼睛。

由于深海鱼需要承受巨大的水压，因此皮肤和骨骼的构造都是非常稀疏的。这样周边的海水能够轻松地渗透进鱼的体内以维持压力的平衡。

另外，由于深海中缺乏食物所以深海鱼的嘴巴都很大，而且上端十分发达，这样就可以更轻松地吃到从浅海沉下来的食物。因为深海的食物大部分都是从浅海沉下来的。深海鱼的大嘴巴里长着向内侧倾斜的大牙齿，食物一旦被这样的牙齿咬住了就绝对不会再松开。有一种名为囊鳃鳗的深海鱼可以吞食掉比自己大得多的食物。

除此以外，深海鱼的胃也非常巨大，有的鱼甚至拥有占身体一半大小的胃。这样只要吃到一次食物，即使长时间不再进食也能够生存下去。如上所述，动物们以各自不同的方式去适应它们所生活的环境。

深海鱼还可以制作成食品，将深海鱼作为鱼干或鱼饼（韩式鱼丸）的原材料可以大大提高商品性，也可以用于提取鲨烯等。近年来人类还开发出了深海鱼场，对深海鱼的研究也是越来越活跃。

种子发芽的条件

植物的果实长得都不一样，那么植物的种子呢？植物的种子发芽时又需要具备怎样的条件呢？

24 调查 制订植物一生的观察计划

植物从发芽成长、开花、结出果实然后再到播种的过程称为植物的一生。下面我们就来学习如何制订植物一生的观察计划。

准备材料 纸笔、观察记录表、植物图鉴

为了缩短观察时间应该选择一生时间较短的植物，同时植物的叶、茎、花和果实要区别明显，易于种植，植株大小适宜。符合上述条件的常见植物有菜豆、喇叭花、凤仙花等。

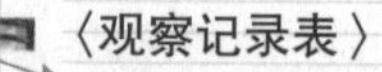

〈观察记录表〉
1. 观察植物：喇叭花
2. 观察时期：20XX.4.21～20XX.7.30
3. 观察地点：教室窗边
4. 观察者：李镇浩
5. 观察内容：
 · 发芽的样子
 · 植物生长时叶子的形态以及数量
 · 植物生长时植株高度的变化

菜豆、喇叭花和凤仙花是4月播种，7~8月份开花，9月份结出果实的一年生植物，是种植起来比较容易的植物种类。

菜豆

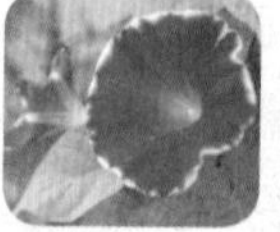

喇叭花

凤仙花

植物要尽可能放在光照充足的地方。因此把植物种在花盆里之后，可以放到家中或教室里阳光照射最好的地方，或者直接种在光照充足的花坛里进行观察。

▲ 种子发芽的样子，此时可以观察到种子子叶的数量等。

▲ 此时可以观察叶片的形状，生长的顺序以及叶片的数量等。

▲ 此时可以观察花的颜色、形状以及花的数量等。

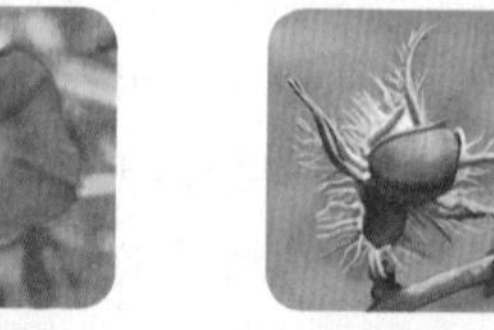

▲ 此时可以观察果实的颜色、形状、个数以及大小等。

▲ 此时可以观察茎的粗细，植株高度的变化等。

通过调查得知的结论 为观察植物的一生而制订的观察计划需要记录植物的名称，选择该植物的原因，种植植物的地点，观察时期以及具体的观察内容等。

科学家的眼睛

种子的构造

植物以种子的形态繁衍子孙延续后代。种子由胚、胚乳和种皮组成，种子的胚是日后发育成根、茎、叶的部分，即发芽后胚将成长为一个全新的植株。胚乳是用于储存种子从发芽到成长所需养分的地方。但是类似菜豆之类的豆科植物，它们的种子是没有胚乳的，营养成分是储存在子叶中的。

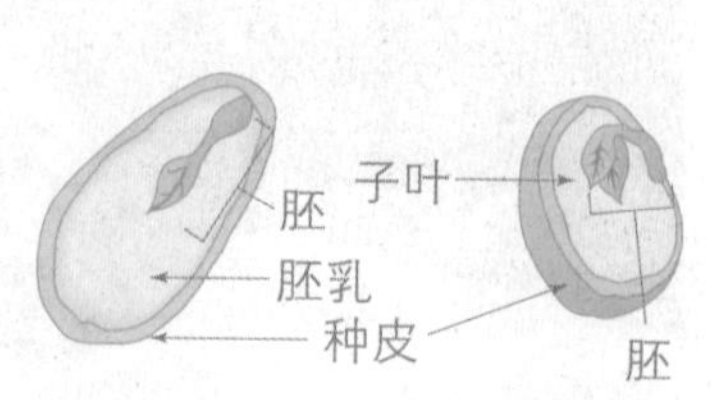

柿子种子　菜豆种子

25 观察 形状各异的种子

观察我们周围常见的植物种子的特征。

准备材料 菜豆种子、苹果种子、各种植物的种子、放大镜、纸笔、尺子

观察种子的方法

观察种子的形状和颜色，触摸种子感受种子的手感和坚硬程度，最后用尺子量一下种子的大小并进行比较。

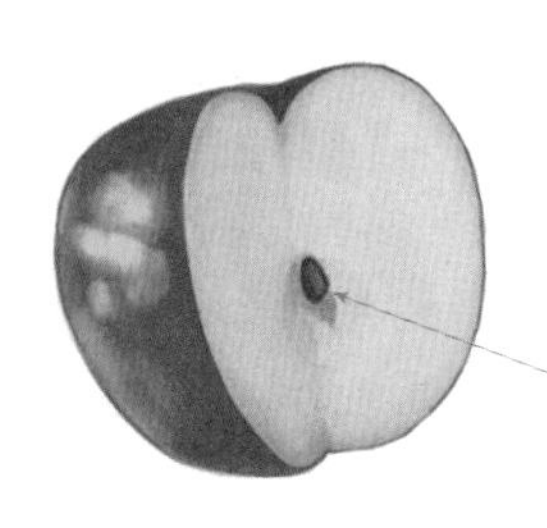

▲ **苹果**

苹果的种子是深褐色的，有一头是尖尖的。长约5mm左右，摸起来比菜豆的种子更光滑，也更坚硬。

▲ **菜豆**

菜豆的种子是深红色的，圆鼓鼓的稍长。长约1.5cm，触感光滑，种子比较坚硬。

各种植物种子的外观

剥开核桃坚硬的果实会发现里面有一颗大大的种子，种子大小约为4cm。呈浅褐色，整体上看是圆球形的，但是表面布满了深深的褶皱。

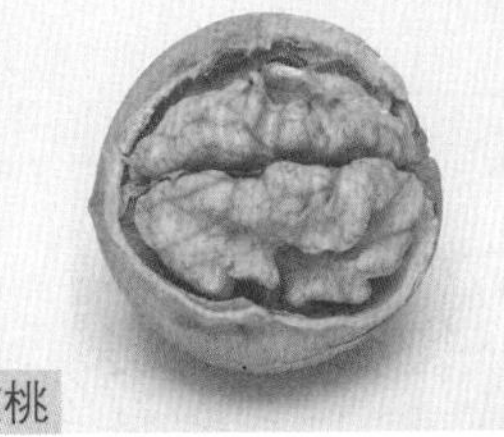

核桃

枫树

枫树种子的大小约为5mm，两颗种子贴在一起，种子上还长着翅膀。种子成熟之前是淡青色的，成熟之后是黑色的，而且十分坚硬。

水稻的种子细长，手感粗糙。大小约为7mm，呈淡黄色。剥掉外壳之后就是我们常吃的大米。大米是白色的。

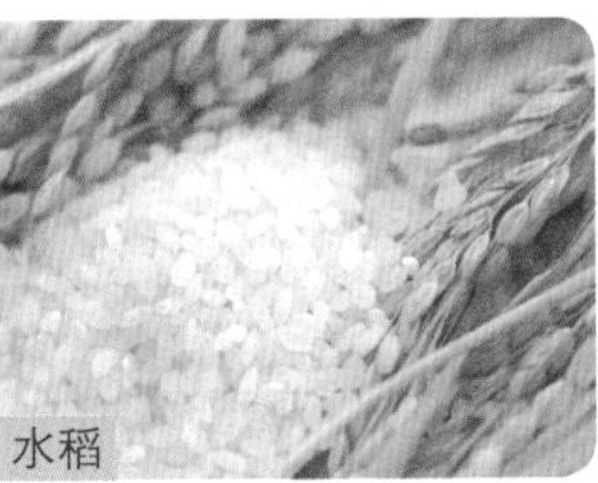

水稻

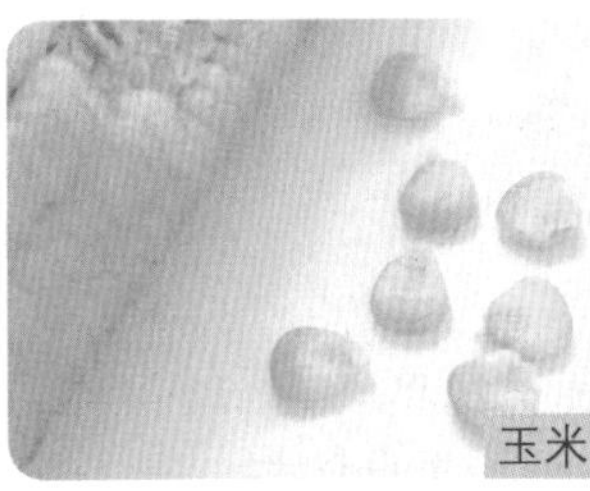

玉米

玉米种子的大小约5~7mm，呈黄色或紫色。种子的上半部分光滑且圆鼓鼓的，侧面有棱角，底端呈白色略尖。

桃子的种子大小约为3cm，在种子中属于比较大的，颜色呈褐色。种子表面粗糙、坚硬而且有深深的褶皱。整体上看是圆鼓鼓的。

桃子

草莓

种子

草莓的种子非常小，颜色是黄色的，嵌在果实的表皮上，数量也非常多。

通过观察得知的结论 植物的外观各自不同，植物的种子也是多种多样的。观察种子的时候要注意观察种子的形状、颜色、大小和触感等。

26 实验 喝饱水的胖种子发芽啦

种子发芽需要哪些条件呢？我们来观察一下给种子浇水时和不浇水时分别会发生什么情况吧。

准备材料 两个培养皿、菜豆种子、棉花、水

①在两个培养皿中铺上棉花，然后放上菜豆种子。

②给其中的一个培养皿浇水，使棉花得到充分的浸湿。

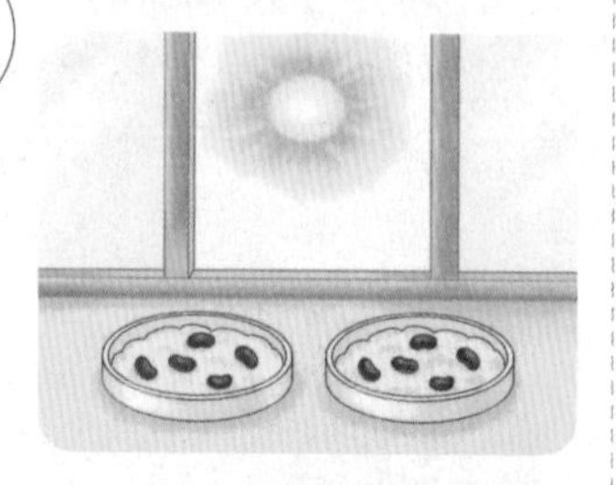

③把培养皿放在温暖的地方，几天后进行观察。

没有浇水的菜豆种子

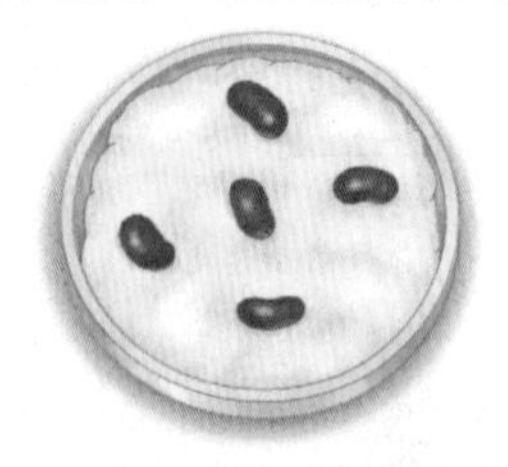

2~3天

▲没有变化。

4~6天

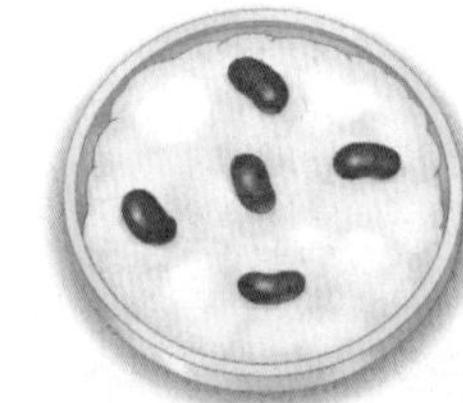

▲没有变化。

浇了水的菜豆种子

2~3天

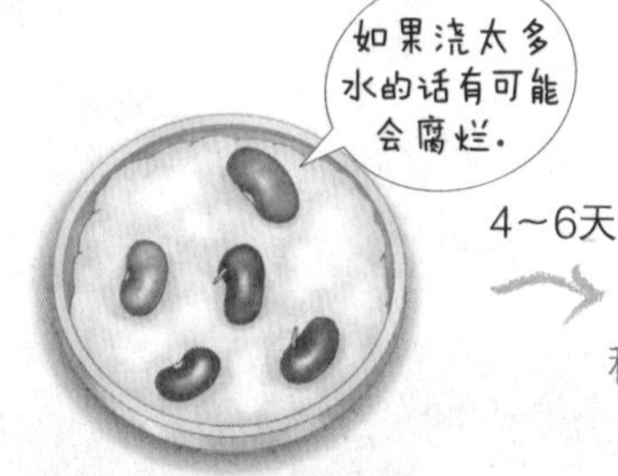

▲种子鼓起来，开始发芽。

4~6天

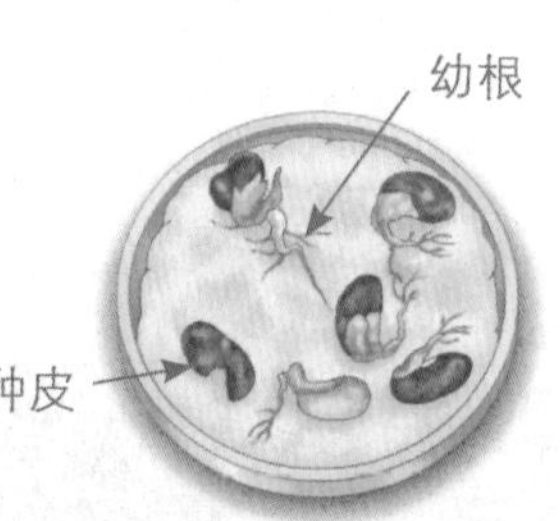

▲褪掉种皮，长出幼根。

通过实验得知的结论 浇了水的菜豆种子更容易发芽。但要注意浇水的量要适当，如果浇太多水的话，种子可能会腐烂。

科学家的**眼睛**

种子发芽时需要光照吗？

大部分的种子都是在照射不到阳光的地下发芽的。但是也有一部分种子发芽时需要接受光照，例如捕虫堇、无花果树、槲寄生等植物的种子。这些种子在吸收水分之后，需要接受一定时间的光照然后再转移到暗处发芽，不同植物的种子需要的光照时间也是不同的。然而也有些植物的种子如果受到光照反而会发不出芽来，例如鸡冠花、黄瓜、香瓜和南瓜的种子如果受到光照就发不出芽来了。因此结论就是有些植物的种子发芽时需要光照，而有些植物的种子发芽时不能接受光照。

27 实验 暖暖阳光助芽成长

种子发芽时除了水以外，还需要哪些条件呢？我们来观察一下当温度发生变化时，种子又会发生哪些变化吧。

准备材料 两个培养皿、菜豆种子、棉花、水

①在两个培养皿中铺上棉花，然后放上菜豆种子。

②把其中一个培养皿放到冰箱中，另一个放在常温下。

③定期给种子浇水，观察种子的变化。

放在冰箱里的菜豆种子

2~3天

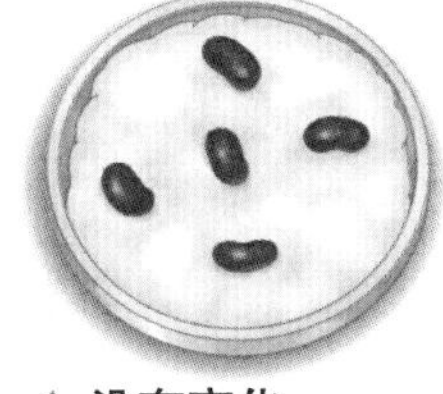

▲没有变化。

4~6天

▲没有变化。

放在常温下的菜豆种子

2~3天

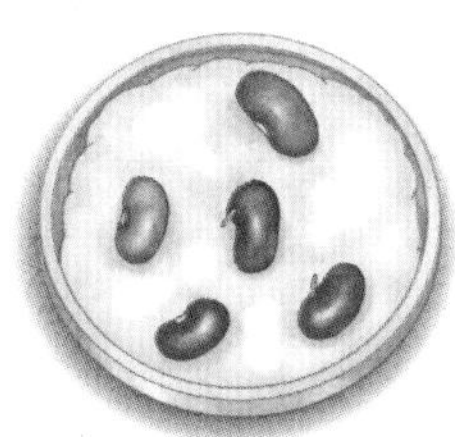

▲种子鼓起来，开始发芽。

4~6天

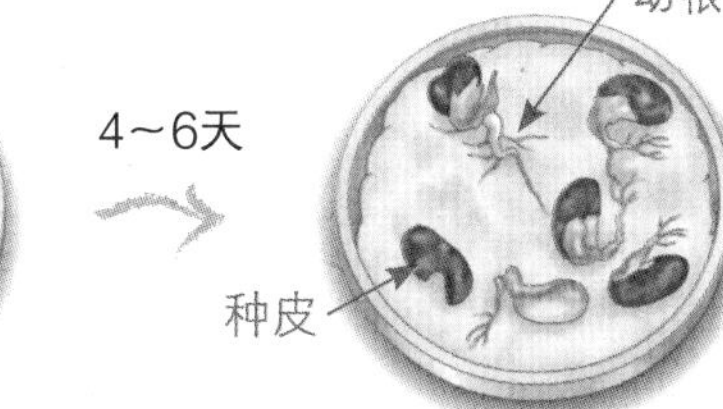

▲褪掉种皮，长出幼根。

通过实验得知的结论 菜豆种子需要放在适当的温度（常温，约25℃）下才能够发芽。因此种子发芽需要有合适的温度和水，当然还不能少了空气。

科学家的**眼睛**

双子叶植物和单子叶植物

种子发芽时长出的第一片叶子称为**子叶**。长有两片子叶的植物被称为**双子叶植物**，例如菜豆、凤仙花、丝瓜等。而只有一片子叶的植物则称为**单子叶植物**，例如狗尾草、玉米、水稻等。通常双子叶植物的叶片是宽大的，而单子叶植物的叶片是细长的。

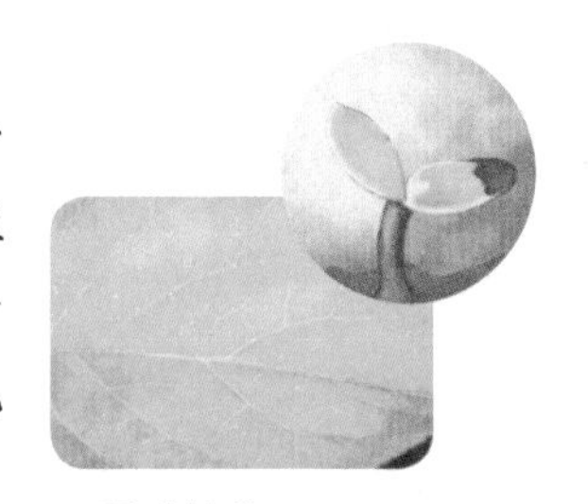

双子叶植物

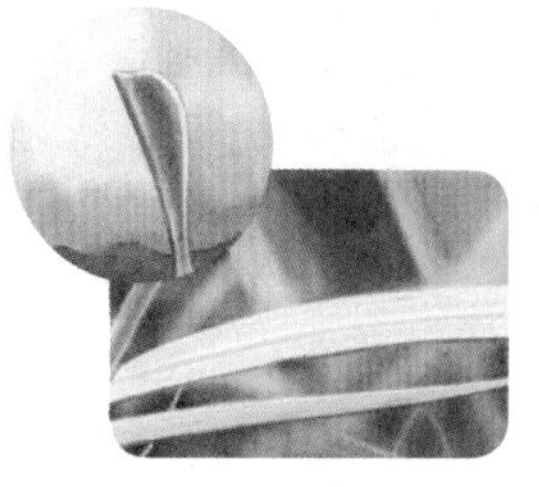

单子叶植物

未发芽的菜豆种子和发芽的菜豆种子的外观和内部结构

区分	外观	内部结构
未发芽的菜豆种子	· 个头较小、扁平、干燥。 · 坚硬的外皮不容易剥下来。	· 嫩叶和幼根都非常小，而且是干燥坚硬的。
发芽的菜豆种子	· 幼根生长到外面来。 · 菜豆吸水膨胀变得柔软，外皮容易剥落。	· 嫩叶和幼根变得胖鼓鼓的，颜色也变成了浅黄色。

各种种子的外观和内部结构

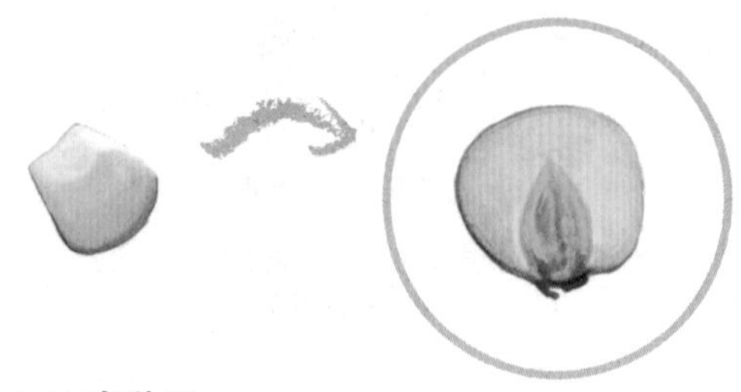

▲ **玉米种子**

外观整体上看是圆球形的，呈黄色。

内部是白色的，底端呈黄色。

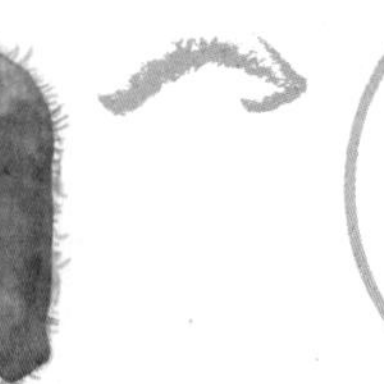

▲ **棉花种子**

外皮上长有白色的绒毛。一端略尖像一只口袋。

内部是黄色的，整体细长。

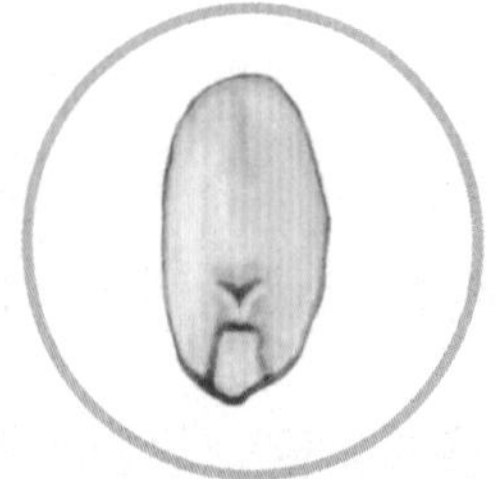

▲ **花生种子**

坚硬呈椭圆形。外皮是褐色的，剥掉外皮里面是淡黄色的。

坚硬呈淡黄色，胚清晰可见。

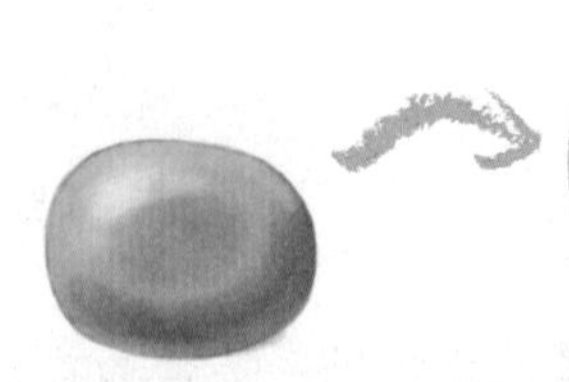

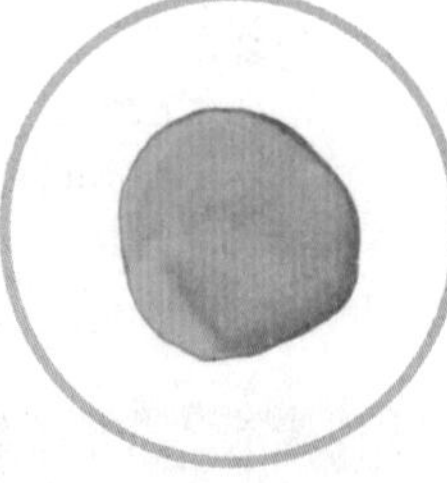

▲ **豌豆种子**

外表光滑，质地坚硬，呈淡绿色。

内部坚硬，呈淡绿色。

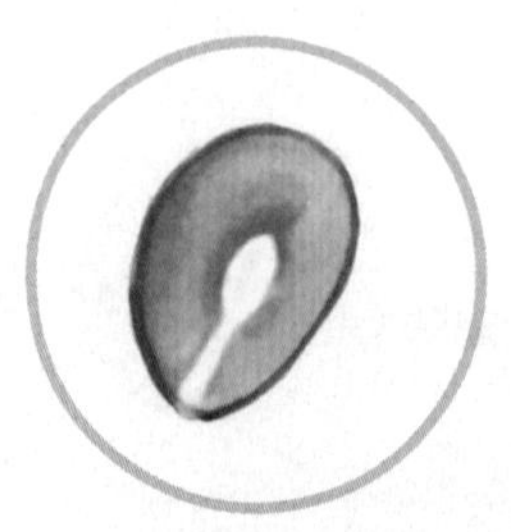

▲ **柿子种子**

坚硬呈褐色。外形圆鼓鼓的，一端略尖像一只口袋。

坚硬，横截面可以看到里面白色的胚。

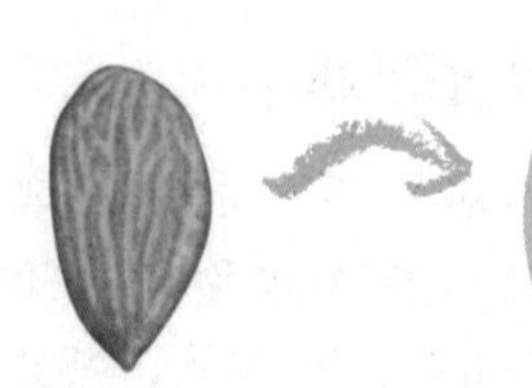

▲ **杏种子**

呈淡褐色，表面有褶皱，像一只口袋。

内部坚硬光滑，呈白色。

种子就这样发芽了

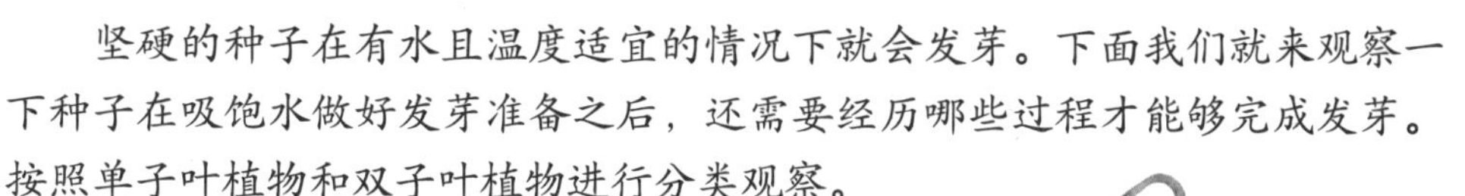

坚硬的种子在有水且温度适宜的情况下就会发芽。下面我们就来观察一下种子在吸饱水做好发芽准备之后，还需要经历哪些过程才能够完成发芽。按照单子叶植物和双子叶植物进行分类观察。

双子叶植物的发芽过程

▲ 种子很小，干燥且坚硬。 ▲ 吸水膨胀，外皮准备剥落。 ▲ 从种子中间长出幼根。 ▲ 幼根长出来之后再长出嫩茎，两片子叶发育完之后开始长出真叶。 ▲ 像钩子一样弯曲着的茎杆舒展开，开始径直向上生长。

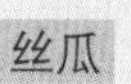

▲ 种子很小且坚硬。

▲ 吸水膨胀。 ▲ 长出幼根。

▲ 两片子叶发育完之后开始长出真叶。 ▲ 叶片抬起头开始向上生长。

单子叶植物的发芽过程

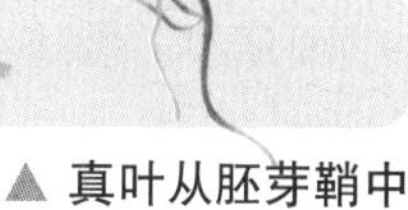

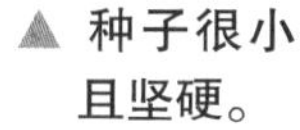
▲ 种子很小且坚硬。 ▲ 吸水膨胀，变得柔软。

▲ 先长出幼根。
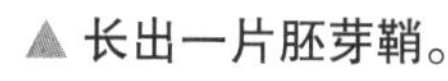
▲ 长出一片胚芽鞘。 ▲ 真叶从胚芽鞘中间长出来。

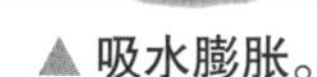
▲ 种子很坚硬。 ▲ 吸水膨胀。 ▲ 长出幼根。 ▲ 长出一片胚芽鞘。 ▲ 真叶从胚芽鞘中间长出来。

通过观察得知的结论 种子只要遇到合适的温度和水就会膨胀发芽。还没有发芽的种子是干燥且坚硬的，准备要发芽的种子略微膨胀，而且长出了幼根。长出幼根之后菜豆种子先长出两片子叶，然后真叶从子叶中间长出来；玉米则是先长出一片子叶，然后再长出真叶。

植物保护子叶的方式

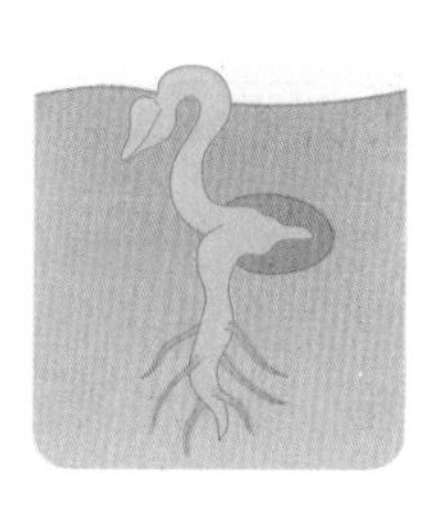

观察菜豆种子的发芽过程就会发现先长出来的是幼根，并向下生长，然后才是嫩茎像钩子一样弯曲着向上生长。嫩茎的顶端之所以是朝下的，是因为嫩茎比较脆弱敏感，这样做是为了让幼嫩的茎发芽时能够成功地破土的同时保护嫩茎的顶端不会受到伤害。当嫩茎接受到阳光的照射时，弯曲的茎秆就会逐渐舒展开来，嫩茎的顶端开始在地面上径直地向上生长。

植物的生长

植物生长的过程应该用什么方法来进行观察呢？另外，影响植物生长的条件有哪些？

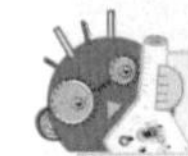

29 实验 给种子一个舒服的家

准备材料 种子、浇水壶、花盆、小牌子、园艺铲、肥沃的土壤、花盆碎片或小石头

并不是所有的种子，只要在花盆里填上土把种子埋下去就一定能够发芽。如果排水不够顺畅或者种子埋得太深了都可能导致种子发不出芽来。下面我们就来了解一下种子应该怎么种才是正确的。

① 用花盆碎片或小石头堵住花盆下面的洞口，然后往花盆里填入3/4的泥土。

② 把种子埋在种子厚度2～3倍深的泥土下，浇上充足的水。

③ 把写有植物名称和种植时间的小牌子插在花盆里。

④ 把花盆放在光照充足的地方持续观察。

通过实验得知的结论 在准备播种用的花盆时应该挑选底端有孔的花盆，这样有利于多余水分的排出。如果把种子埋得太深是很难发出芽来的，合适的深度是种子厚度的2～3倍左右。另外在给种子浇上足够的水之后，应该把花盆放在光照充足的地方，然后再观察种子发芽的样子。

植物的一生

把植物的种子埋在土壤中，种子会发芽长出子叶。接下来从子叶中间长出真叶，真叶长出来之后叶和茎就开始生长，最后植物会开花、结果并产生种子，这一个完整的过程被称为**植物的一生**。植物通过这样的过程来繁衍后代延续种族。

30 调查 如何看出叶子和茎在长大

植物的叶和茎会随着植物的生长而生长。为了了解叶和茎的生长情况需要进行准确的观察与测量。下面我们来了解一下观察叶和茎生长情况的方法。

准备材料 菜豆花盆、方格纸、卷尺、尺子、相机等

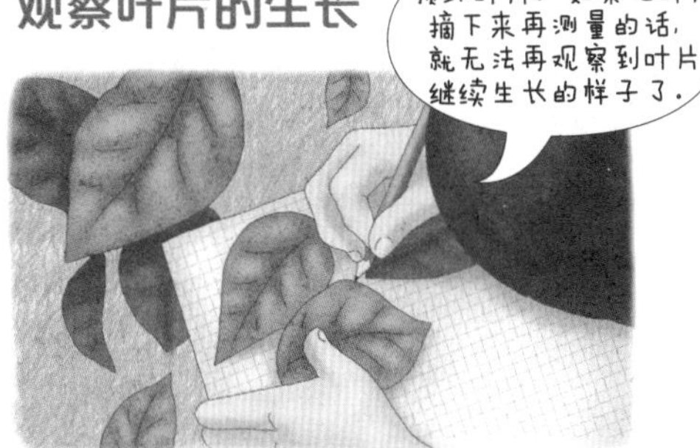

▲ 将叶片放在方格纸上，沿着叶片的边缘描出叶片的样子，观察叶片大小和形状的变化。

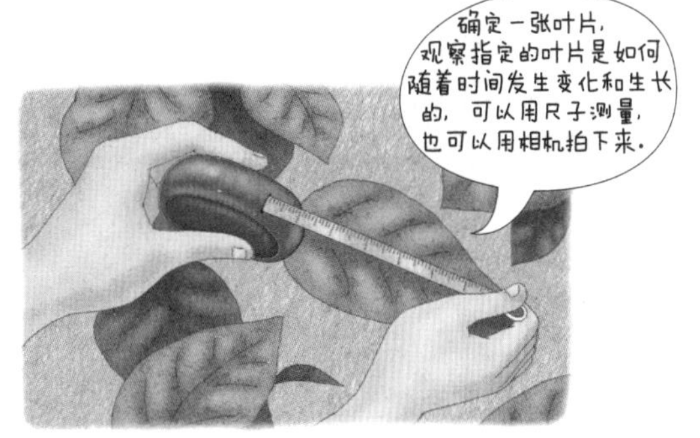

▲ 每天都用卷尺测量叶片的长度。

观察茎秆的生长

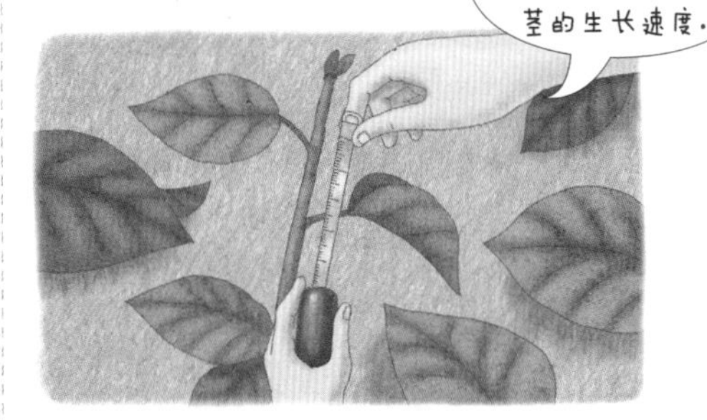

▲ 每天都用卷尺测量茎秆的长度。

▲ 每天都用卷尺测量茎秆的周长。

通过调查得知的结论 叶片的生长可以通过在方格纸上绘制叶片的形状，或者利用尺子测量叶片的长度来进行观察。茎秆的生长可以通过测量茎秆的长度和茎秆的粗细来进行观察。还可以用相机拍照来记录植物生长的样子，但是用相机无法准确地记录植株大小的变化，因此建议可以把照片作为参考资料和证明资料来使用。

科学家的**眼睛**

茎秆都是笔直生长的吗?

在菜豆中有一种不是直立生长，需要攀附在其他物体上生长的蔓菜豆。还有一种常见的矮生菜豆，它的植株较矮，比普通的菜豆生长速度快一些。蔓菜豆整体植株长度可以达到2～3m，茎秆上的节点之间距离较远；而矮生菜豆的植株长度只有50cm，节点之间距离较近，所以个子不高。另外，番薯、豌豆、喇叭花和爬山虎也是和蔓菜豆一样需要攀附在其他物体上生长的植物。

矮生菜豆

蔓菜豆

31 观察 茎叶生长微记录

菜豆发芽之后，叶和茎便开始生长。下面我们就来观察一下叶和茎生长的样子吧。

准备材料 菜豆花盆、尺子

4月21日

① 将种子埋在自身厚度2～3倍深的泥土中。

4月29日

② 播种一个星期之后，子叶从泥土中长出来。

5月6日

③ 两个星期之后，真叶从两片子叶中间长出来。

5月13日

④ 真叶逐渐变大，植株的高度达到10cm左右。

5月20日

⑤ 茎秆高度长到15cm左右，叶片继续生长变大。

5月27日

⑥ 菜豆茎秆的高度达到18cm，叶片长度达到5cm左右。

通过观察得知的结论 在植物的生长过程中，叶片逐渐变大，叶子的数量也逐渐增多；茎秆越长越高，越长越粗。把菜豆种子埋进花盆里观察菜豆的生长过程，就能够看到种子发芽，子叶生长，茎秆长高的样子。

科学家的眼睛

制作表格和绘制图表

对叶片和茎秆进行测量得出的结果可以用表格或图表的形式来记录。下面的图表中记录的内容就是菜豆茎秆在生长过程中发生的变化的测量结果。除了茎秆的长度以外，还可以将枝秆的数量、茎秆的粗细、叶片的宽度、叶片的数量等各种观察数据用表格和图表的形式来进行记录和整理。如下图所示，用柱形图表示茎秆长度的变化看起来更加一目了然。

日期	茎秆长度(cm)	日期	茎秆长度(cm)
4月21日	0	6月3日	22
4月29日	2	6月10日	25
5月6日	6	6月17日	29
5月13日	10	6月24日	35
5月20日	15	7月1日	48
5月27日	18	–	–

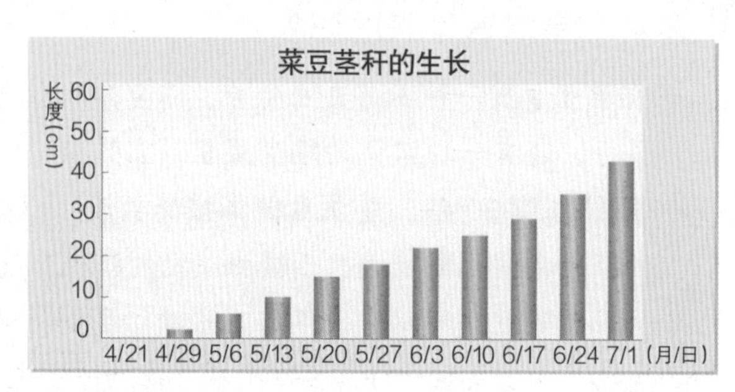

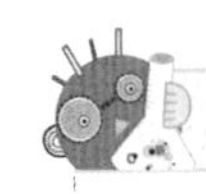

32 实验 阳光和空气是植物生长的好朋友

到市场购买菜豆的时候会看到人们用黑色的塑料布盖住菜豆。那么想要植物茁壮成长的话，需要具备哪些条件呢？下面我们就来了解一下植物生长所必须的条件吧。

准备材料 菜豆花盆、浇水壶、黑色隔光膜

光照与植物的生长

① 准备两盆生长情况类似的菜豆。

② 用黑色隔光膜把其中一个菜豆花盆罩起来，然后一起放在光照充足的窗边，都浇上足够的水，观察两盆菜豆的生长情况。

结果

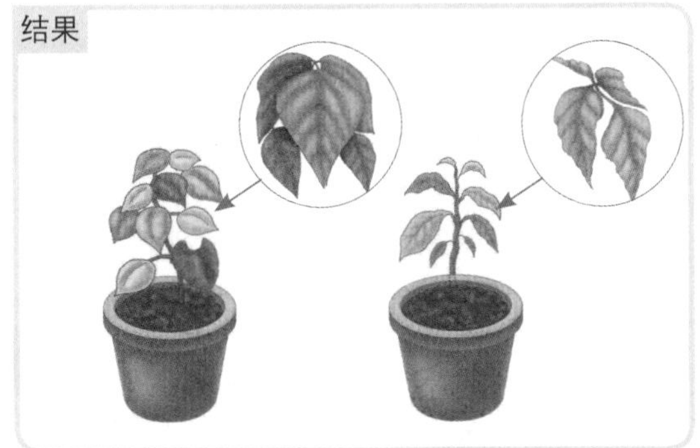

▲ 受到阳光照射的菜豆茎秆健康粗壮，叶片呈深绿色。

▲ 没有受到阳光照射的菜豆茎秆孱弱纤细，叶片的绿色很淡。

水与植物的生长

① 准备两盆生长情况类似的菜豆。

② 只给一个菜豆花盆浇上足够的水，另一盆不浇水，然后一起放在光照充足的窗边观察两盆菜豆的生长情况。

结果

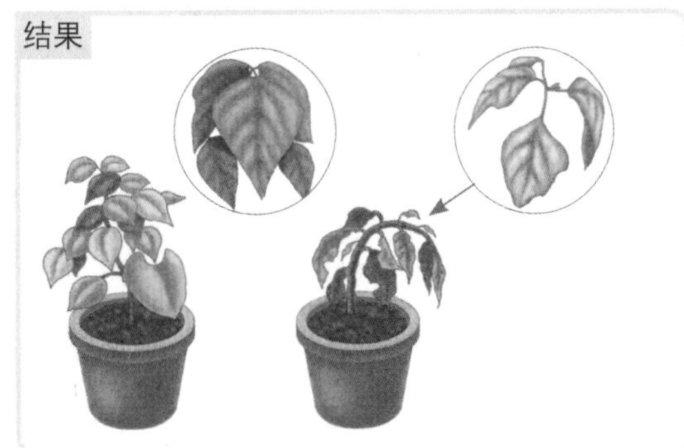

▲ 浇了足够的水的菜豆叶片和茎秆都很鲜嫩，植株结实。

▲ 没有浇水的菜豆叶片枯萎，茎秆细弱。

通过实验得知的结论 植物若想茁壮成长需要有充足的光照和水。如果光照不足的话，茎秆会变得孱弱纤细，叶片的绿色也会变淡。如果水不足的话，叶和茎都会枯萎，最后可能会枯死。除此以外，温度和营养在植物的生长过程中也起到了非常重要的作用。

植物长到一定程度就会开花结果了，那么花和果实又将会经历哪些生长过程呢？下面我们就来观察一下花和果实生长的样子。

准备材料 菜豆花盆、卷尺、相机

花和果实生长的观察方法

菜豆

菜豆花

菜豆豆荚

〈花和果实生长的观察方法〉

区分	花	果实
观察方法	·数一数花骨朵的数量。 ·画出花的模样。 ·用尺子量花的大小。	·数一数豆荚的数量。 ·用尺子量豆荚的长度。

注意 观察时，需要由同一个人每天或者隔一天定时进行测量。在绘制花朵生长的样子时应该按照同一个起点来画，这样便于比较。另外，务必要记录下观察日期所对应的天气。花瓣的大小和豆荚的大小变化除了测量以外，最好再用拍照来同步进行记录。

科学家的眼睛

制作简单的花盆

不必非要用花盆，吃剩下的冰激凌桶、一次性泡沫杯面碗、塑料杯和牛奶盒等都可以用于制作简单的花盆。

用锥子在杯面碗的底端戳出20多个用于排水的小孔，放入小石子和泥土，埋下种子就制成了一个小型的花盆。如果用透明的容器来制作花盆的话，只要把种子埋在靠近外壁看得清楚的地方，还可以观察到种子发芽生根的过程。

菜豆花和果实的生长

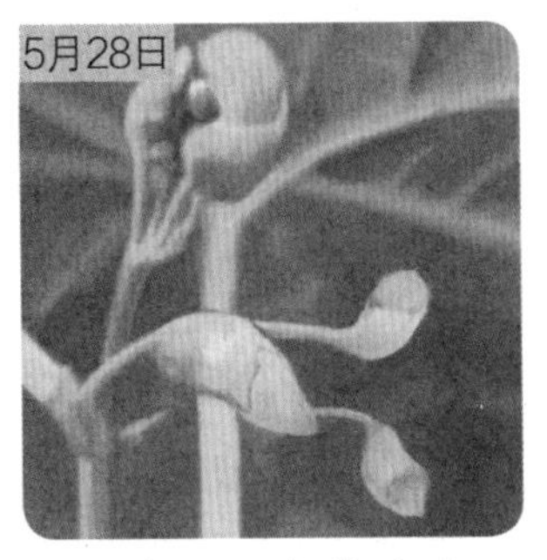

①长出3～4个花骨朵。

②花骨朵从中间盛开。

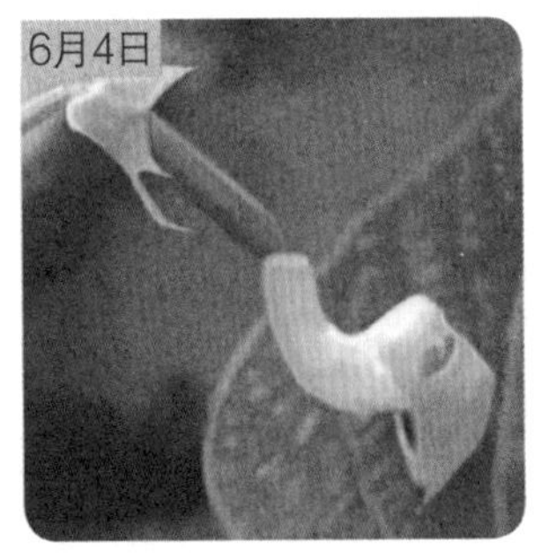

③花凋谢的位置上长出豆荚。

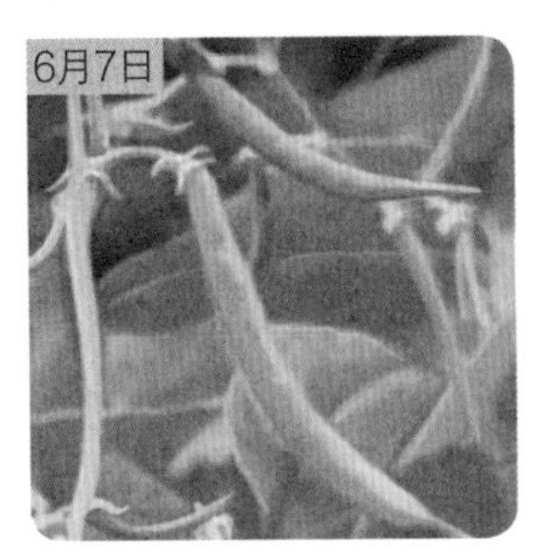

④豆荚长度变长。

⑤豆荚变得又长又厚。

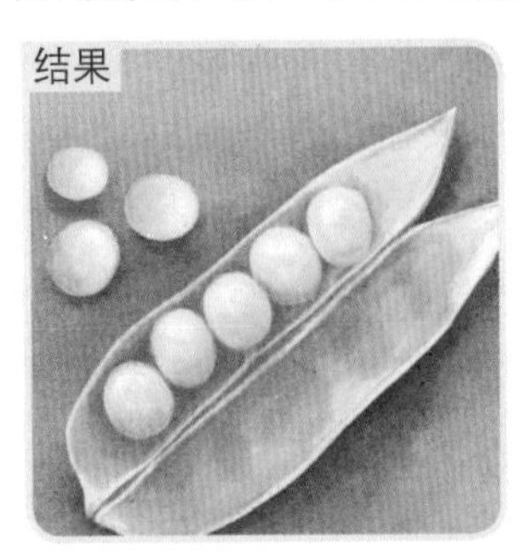

▲ 打开豆荚，里面有4～5粒菜豆种子。

通过观察得知的结论 植物的花凋谢之后便结成了果实，果实里的种子又再次发育成新的植株，植物就是以此来延续后代的。我们可以通过花骨朵增多的数量、花的大小和形状的改变来了解花的生长。花凋谢之后在相同的位置上结出果实，我们又可以通过果实大小的变化来了解果实的生长。菜豆在生长过程中，花骨朵数量不断增多，花骨朵也不断地盛开。花谢之后就长出豆荚，然后豆荚越变越长。最后豆荚里长出的菜豆粒就是新菜豆植株的种子。

科学家的**眼睛**

不经历正常的生长过程也可以繁衍后代的植物

一些不需要种子就可以繁殖的植物不需要像菜豆一样经历完整的生长过程也能够进行繁殖。这类植物大多不开花也不结果。有些植物仅靠一小段根、茎或叶就可以长出新根，成为独立的植株。落地生根就是靠叶子来繁衍后代的。石蒜即使开了花也结不出果实，是用球根来种植的球根植物。四季秋海棠摘下一片叶子插在潮湿的沙地里立刻就能够长出新根来。

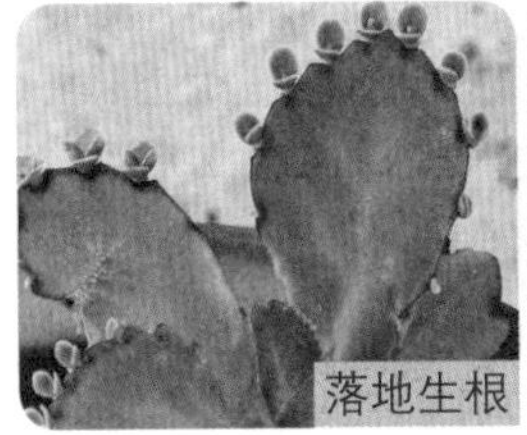
落地生根

石蒜

四季秋海棠

比较植物的一生

如何区分植物是一年生的还是多年生的？它们各自都有哪些特征呢？

34 观察 比较一年生植物和多年生植物的一生

准备材料 关于植物一生的资料

种子发芽生长、开花结果、果实里又长出新种子的过程被称为植物的一生。有的植物用一年的时间经历完整个过程之后就枯死了，这种植物被称为一年生植物。也有的植物生长好几年也不会枯死，反复地经历一生的过程，这种植物被称为多年生植物。一年生植物多为草本植物，而多年生植物既有草本植物也有木本植物（也就是树木）。下面我们就来比较一下一年生植物和多年生植物的共同点和不同点吧。

一年生植物的一生

向日葵

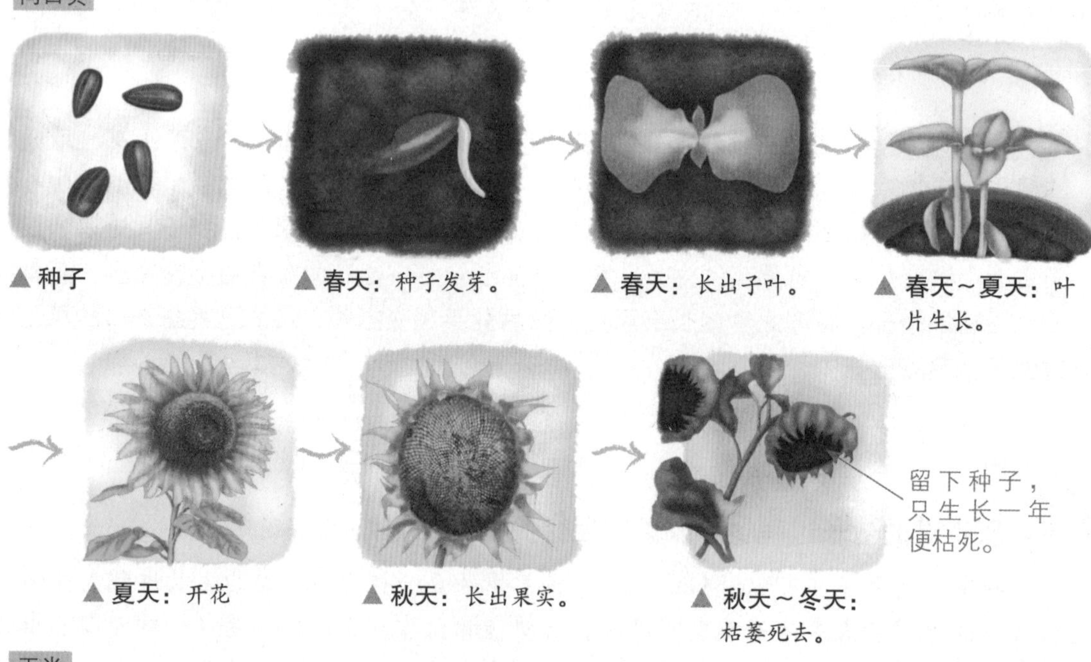

▲种子 ▲春天：种子发芽。 ▲春天：长出子叶。 ▲春天～夏天：叶片生长。 ▲夏天：开花 ▲秋天：长出果实。 ▲秋天～冬天：枯萎死去。

玉米

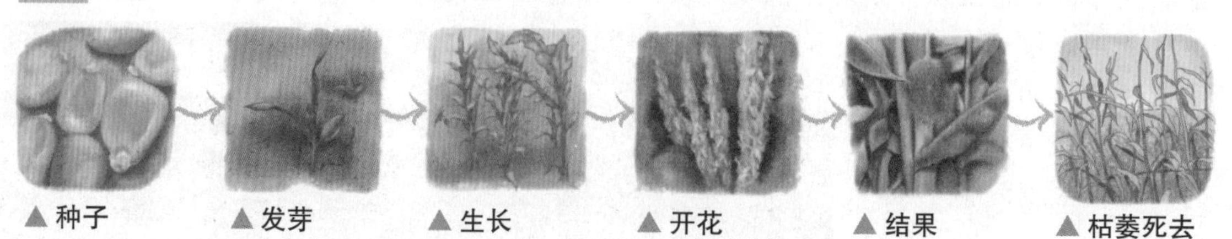

▲种子 ▲发芽 ▲生长 ▲开花 ▲结果 ▲枯萎死去

多年生植物的一生

射干（草本植物）

▲ 春天：种子发芽。

▲ 夏天：植株生长，开出花朵。

▲ 秋天：结出果实。

▲ 冬天：地面部分干枯，留根过冬。

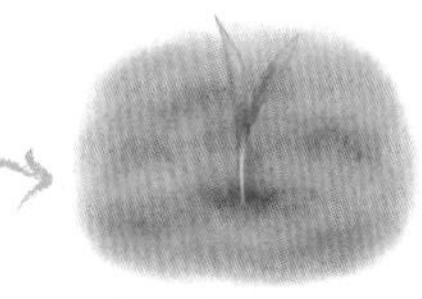

▲ 第二年春天：发出新芽。

洋槐（木本植物）

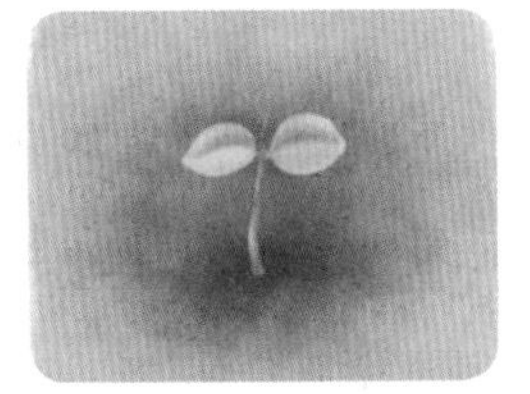

▲ 第一年春天：种子发芽。

▲ 3～5年期间：生长。

▲ 3～5年后的夏天：开花。

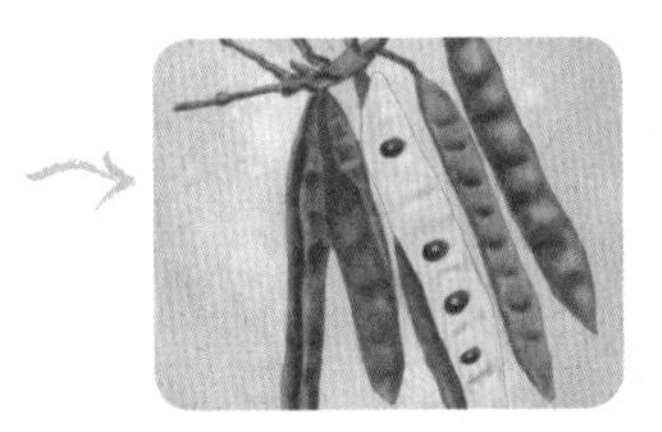

▲ 秋天：结出果实。

▲ 冬天：叶片凋落，但地面部分依然存活。

▲ 第二年春天：长出新叶，继续生长。

〈一年生植物和多年生植物的比较〉

区别	一年生植物	多年生植物（草）	多年生植物（树木）
植物	 向日葵　玉米	 射干  菊花	 洋槐  桃树
不同点	通常是春天发芽，夏天开花，秋天结果，冬天留下种子后便枯死。	通常是靠球根过冬，虽然地面上的茎和叶枯萎了，但是地下的球根还是存活的，等来年再长出新芽。	从发芽到结果大约需要花3～5年的时间，结果之后植株也不会枯死，而是到第二年再长出新的叶子，重新开花结果。
共同点	由种子发芽生长，开花结果以此来延续后代。		

通过观察得知的结论 常见的一年生植物有凤仙花、向日葵、玉米、狗尾草等，这些植物大多是春天发芽、秋天结果、冬天植株就枯死了，主要靠种子过冬。常见的多年生植物有射干、紫萼、柿子树和洋槐等。多年生植物又分为冬天地面部分干枯，根依然保留，第二年重新发芽的草本植物；以及冬天地面部分也依然存活，直到病死之前每年都会重复开花结果的木本植物。

植物的外观

可以用于区分植物的特征都有哪些？植物的叶、茎、根和花都长什么样子？

35 观察 学校周边有哪些植物

在我们的身边生长着各种各样的植物。学校周边就生长着许多不同的植物，这些植物都有哪些特征呢？下面我们来了解一下这些植物的名称吧。

准备材料 植物图鉴、纸笔、放大镜

观察植物特征的方法

① 首先要区分草和树木。
- 可以用茎的粗细来进行区分。

② 观察茎的外观。
- 茎是笔直生长的，还是匍匐生长的，再或者是呈藤蔓状的等。

③ 观察花盛开的时间。

④ 观察花的外观和颜色。
- 花瓣是各自分离的还是呈一个整体的。

⑤ 观察叶片的形状。
- 边缘裂开的，还是贴在一起的，再或者是呈针状的等。

⑥ 观察叶片在茎秆上生长的顺序。
- 对生叶序、轮生叶序、互生叶序、簇生叶序等。

紫茉莉的观察结果

花

据说过去人们把这种花的黑色种子磨碎制成白色粉末，用这种粉末来化妆，因此韩国人也称它为“粉花”。

紫茉莉

种子

① 茎秆是纤细的。→属于草本植物。
② 茎秆是笔直生长的。
③ 9月份开花。
④ 花是粉红色的，花瓣底端连在一起是一个整体。
⑤ 叶片边缘光滑，顶端溜尖。
⑥ 叶子是对生叶序。

科学家的眼睛

有趣的植物名称

人们在给植物起名的时候，有时也会根据植物的整体外观、生长的地方、植株大小甚至花的颜色等特征来起名。通常这些特征会出现在植物名称的开头。例如球序韭（山韭菜）、泽八绣球（山水菊）等就是生长在山上的植物。紫菀（原野紫菀）、百脉根（原野黄花）就是生长在原野上的植物。再例如叶片呈伞状的兔儿伞，长有绒毛的大吴风草等，可以直接通过植物的名称推测出植物的外观。另外，还有的植物名称体现出了植物整体的特征。齿叶冬青的叶片很厚实，放进火里燃烧的话会发出“匡匡”的声音，因此它在韩国被称为“匡匡树”。

齿叶冬青

译者注：括号内标注的非正式名称是韩语的直译，这些名称都是韩国人的俗称，与植物的外形特征有关。

科学家的眼睛

植物的外观

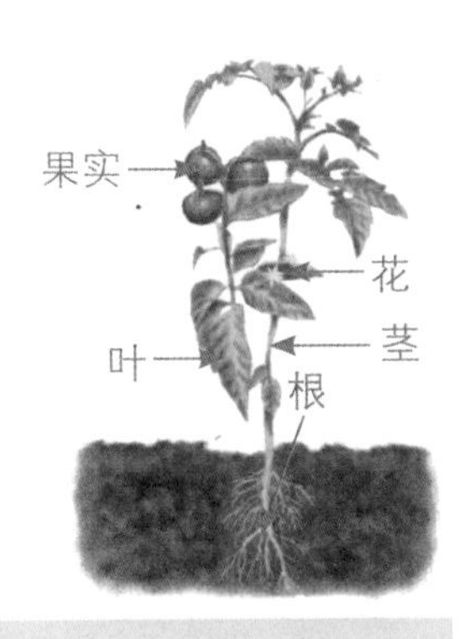

我们身边可以看到的植物外观各不相同。通过比较植物的整体外观、植株大小就会发现每种植物都有各自的外观和特征。因此对植物进行认真的观察，就可以按照植物的外观或特征等一定的标准对植物进行分类。但要知道大部分的植物都是由根、茎、叶、花、果实和种子组成的。

学校周边植物的特征

一年生草本植物，茎秆直立生长。每年9月份开花，花为粉红色或白色。花瓣的底端相连呈一个整体。叶片细长，边缘有锯齿状的纹理。叶片在茎上呈互生叶序生长。

凤仙花

喇叭花

一年生草本植物，茎秆需要缠绕在其他物体上生长。每年8月份开花，花为粉红色或紫色。花瓣的底端相连呈一个整体。叶片呈心形，边缘光滑。叶片在茎上呈互生叶序生长。

多年生草本植物，茎秆直立生长。每年5月份开花，花开紫色。花上有3片花瓣，叶片又细又长。叶片在茎上呈对生叶序生长。

紫鸭跖草

木槿

多年生草本植物，茎秆直立生长。每年7~10月份开花，花开白色或粉红色。花上有5片各自分离的花瓣，叶片边缘有豁口。叶片在茎上呈互生叶序生长。

查找植物信息的方法

利用植物图鉴查找花的名称、花的外观以及叶片形状等植物信息。

在网上搜索“植物图鉴”或“网络植物图鉴”，然后再进一步搜索花的外观或叶片形状等植物信息。

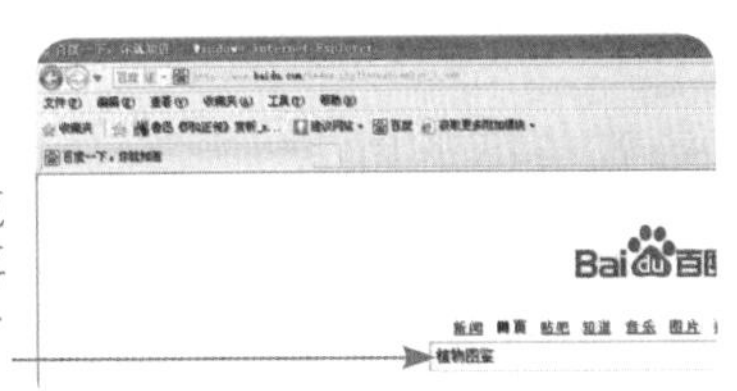

通过观察得知的结论 植物的名称大多体现了植物的独特外观或其他特征。因此留心观察植物就有可能猜出植物的名称。反过来知道植物的名称也能够大致想象出植物的样子。

36 观察 叶片的生长也有先后顺序

不同植物叶片在茎秆上的生长顺序是不同的。从植物茎秆的底端开始把叶片生长的位置标记出来，就可以轻松地观察叶片的生长顺序了。下面我们就来观察几种叶片的生长类型。

准备材料 植物图鉴、植物卡片、放大镜

◀**对生叶序** 两张叶片互相对应地生长在茎秆上。

◀**互生叶序** 每张叶片交替地生长在茎秆上。

◀**轮生叶序** 在茎秆的相同高度上生长多张叶片，叶片形成一个环形。

◀**簇生叶序** 多张同时生长在茎秆的相同位置上。

通过观察得知的结论 叶片在茎秆上的生长顺序被称为**叶序**。常见的叶序有对生叶序、轮生叶序、互生叶序、簇生叶序等。叶序是指叶片高效排列的一种状态，叶片的位置上下不同或以类似的方式排列可以使所有的叶片都得到阳光充分的照射。

科学家的眼睛

各式各样的叶片

▲ 莲花的叶片是圆的，而溪荪的叶片是细长的。

▲ 水葫芦叶片的边缘是光滑的，而大蓟叶片的边缘有锯齿。

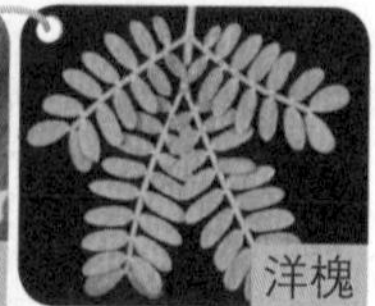

▲ 桃树叶是单叶，而洋槐树叶是由许多小叶片组成的复叶。

树的皮肤也有粗糙和光滑之分

准备材料 白纸、蜡笔

不同种类的树木，生长的样子，花和叶片的样子都会有所不同。即使看似差不多的树干，仔细观察就会发现树干上的纹理是有区别的。下面我们就通过拓印树干上的纹理来进行观察吧。

① 把白纸覆盖在常见的树木树干上。

② 用蜡笔在白纸上轻轻描，把树干上的纹理拓印在白纸上。

③ 观察拓印下来的树干纹理，比较树木茎秆的外观。

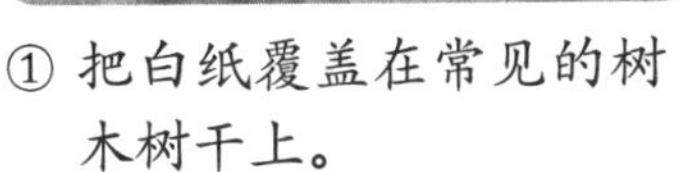

粗糙的纹理和平滑的纹理

松树

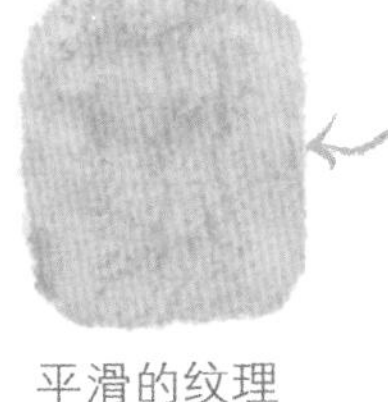

粗糙的纹理

平滑的纹理

紫薇树

大的纹理和小的纹理

银杏树

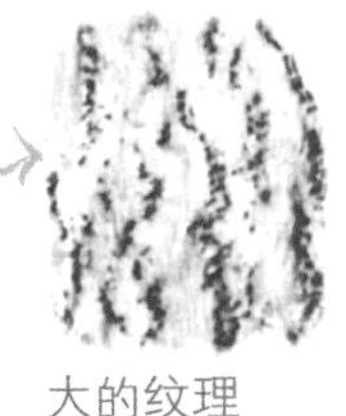

大的纹理

小的纹理

枫树

横的纹理和纵的纹理

榉树

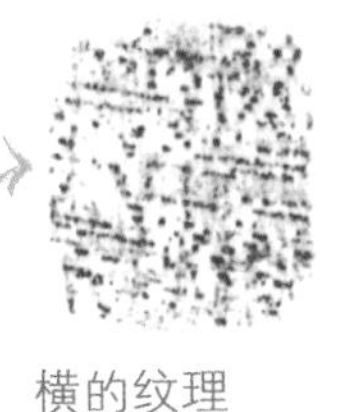

横的纹理

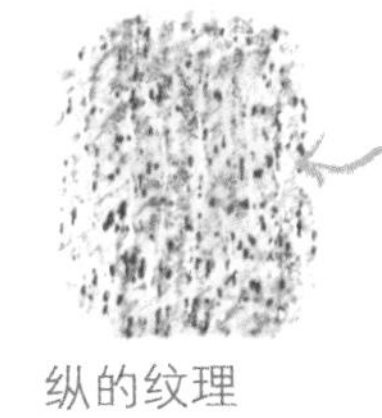

纵的纹理

圆柏树

通过观察得知的结论 把树木的纹理拓印下来之后会发现，树干粗糙的白色部分出现的就多，树干光滑的就会看到密密麻麻的纹理。而且即使是同一棵树，随着部位的不同树干的纹理也会有所不同，大部分的树干都是越往下越粗糙。

其他的拓印方法

① 把高丽纸或绘画用的宣纸盖在需要拓印的物体上，然后在纸上均匀地喷上水。

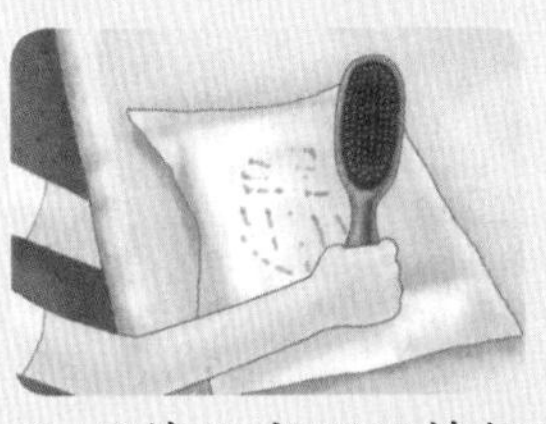

② 用棒子或脱脂棉轻轻地拍打纸张，使纸张与被拓印的物体更加贴合。

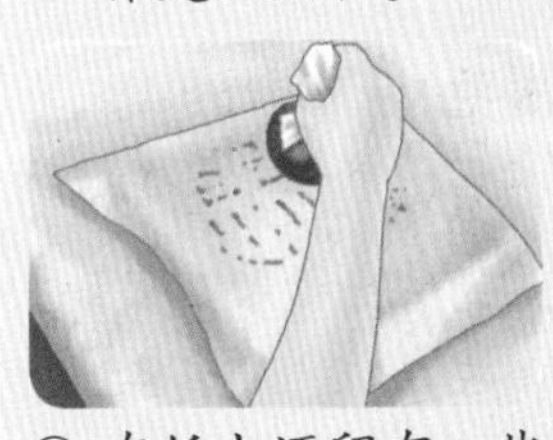

③ 在纸上还留有一些水迹的时候，用棉花团沾上墨水轻轻地拍打高丽纸。

因为植物的根长在地下，所以不太容易观察到根的样子。不过我们可以通过观察植物地表部分的样子，推测出根的样子。观察根的样子，看一看植物的根和植物的地表部分存在哪些关联性。

准备材料 浇水壶、园艺铲、手套、纸笔、放大镜

① 用浇水壶给我们身边常见的植物均匀地浇上水。

② 用园艺铲小心地把植物挖出来。

③ 观察植物根的样子。

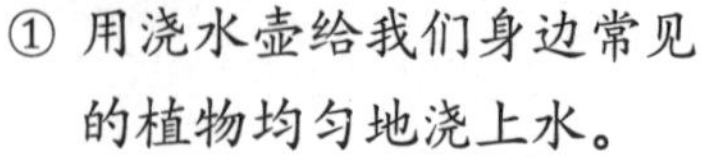

主根和侧根（直根）——藜

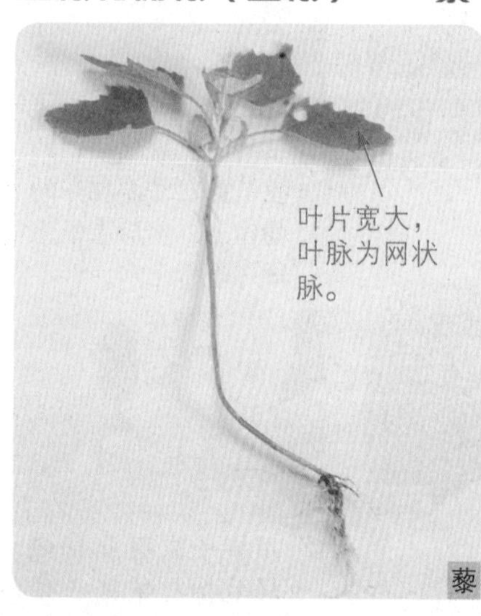

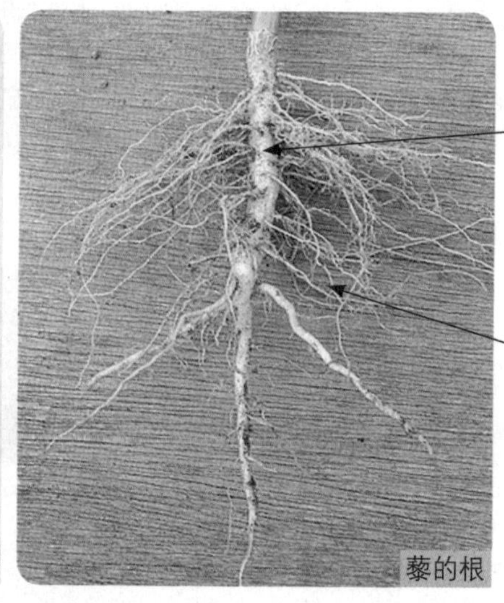

主根：根中间较粗壮的部分，为了使植物长期在相同的位置吸收水分，根朝泥土伸出生长而形成的。通常长着这种根的植物叶片宽大且叶脉为网状脉。

侧根：在主根的侧面衍生出来的细小的根。

根毛

植物根的上端长着许多像绒毛一样的根毛，根毛是由一个独立的细胞伸长形成的，目的是为了增加根的表面积，提高水分和养分的吸收效率。正因为植物的根上长着许多根毛，根才能够吸收大量的水分和养分。大部分植物的根都长有根毛，但在水生植物或寄生植物中也存在没有根毛的情况。原因是水生植物的根和寄生植物的根本身就可以直接吸收水分或养分。因此如果将土生植物放到水中来培养的话，根毛也会逐渐减少。

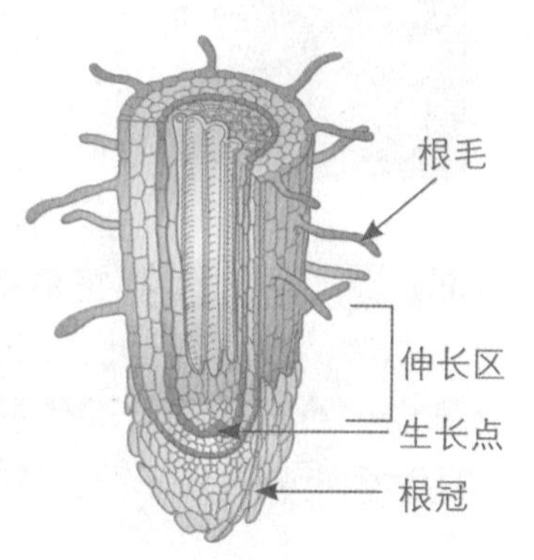

须根——水稻

水稻

水稻的根

须根：多见于一年生植物。因为需要在短时间吸收大量的养分，因此根遍布的面积较广。通常长有须根的植物，叶片细长且叶脉为平行脉。

〈长有主根与侧根，须根植物的比较〉

区分	主根和侧根	须根
根的形状	中间长有粗壮的主根，侧面长有许多细小的侧根。	大量粗细相似的根像胡须一样生长在一起。
叶的形状	叶片宽大且为网状脉。	叶片细长且为平行脉。
长有类似根的植物	凤仙花、蒲公英、月见草、南瓜、菜豆等	水稻、草坪、紫鸭跖草、溪荪、小麦、紫芒等

各种类型的根

爬山虎

攀援根
依附在其他物体上生长的根。

槲寄生

寄生根
寄生在其他植物上，可以吸收养分的根。

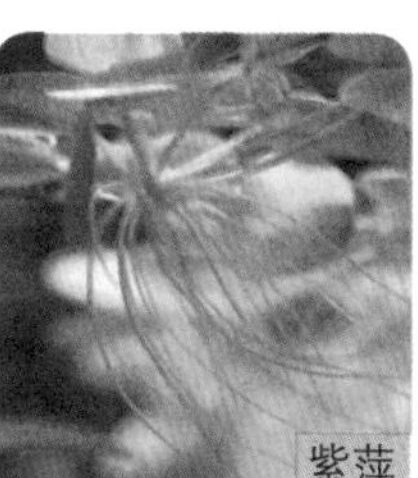
紫萍

水生根
为了吸收水中的养分而伸入水下的根。

海榄雌

呼吸根
为了在水边生活而伸出水面的根。

玉米

支持根
茎的底端长出的根伸入地面用于支撑植株。

胡萝卜

贮藏根
用于贮藏养分的根。

通过观察得知的结论 植物的根大体上可以分为主根和侧根、须根两个大类。长有主根和侧根的植物叶片大多很宽大，叶脉为网状脉；长有须根的植物叶片大多狭窄，叶脉为平行脉。因此从植物叶片的形状就可以推测出根的形状。

花花的世界

虽然花的外观或颜色各不相同，但是花的结构几乎是相同的。下面我们来通过分解花来观察花的外观和特征。

准备材料 一朵花、放大镜、剪刀或美工刀、镊子、纸笔

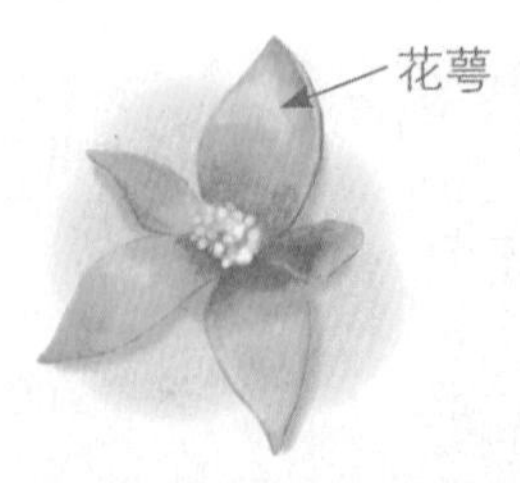

① 分解花瓣下端的花萼。

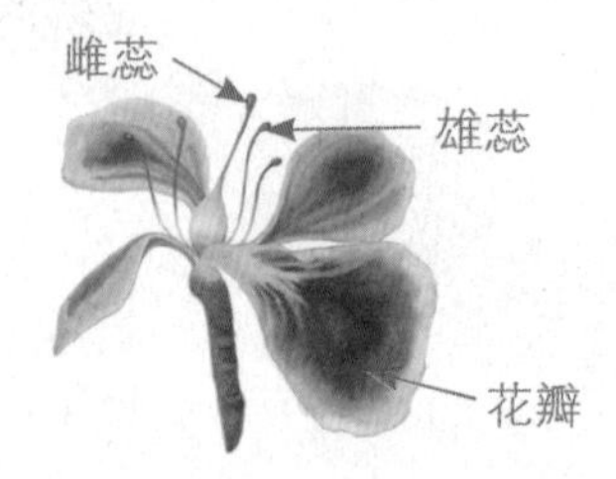

② 分解花瓣，分解雄蕊和雌蕊。

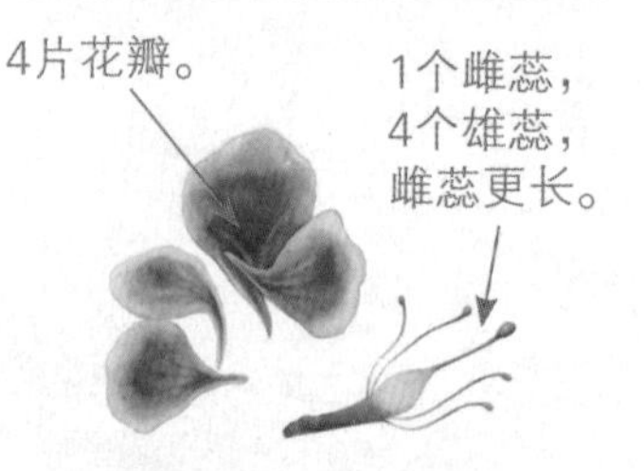

③ 观察花瓣、雌蕊和雄蕊。

花的构造

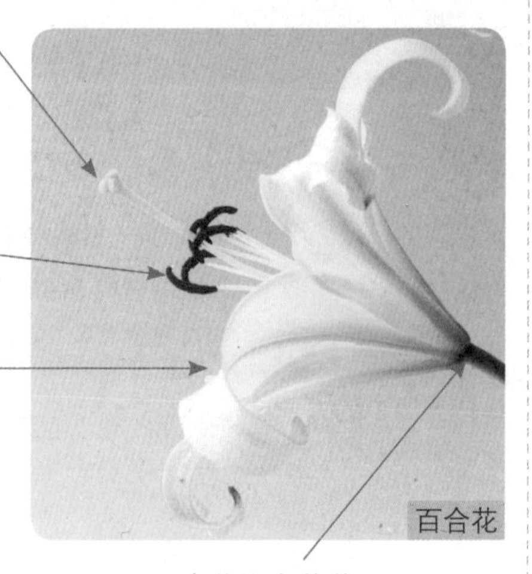

雌蕊：
雌蕊可以接受来自雄蕊的花粉，授粉后发育成种子和果实。

雄蕊：
用于制造花粉。

花瓣：
保护雌蕊和雄蕊，颜色非常美丽。

花萼：
位于花瓣的外侧，支撑雌蕊和雄蕊。

百合花没有花萼。

通过观察得知的结论 花由雄蕊、雌蕊、花瓣和花萼组成。雌蕊位于花的中间，雌蕊的底端是子房，这里是接受花粉后发育成果实和种子的部分。雄蕊可以产生花粉，花瓣是花非常重要的组成部分，用于保护雌蕊和雄蕊。花萼通常是花朵中呈绿色的部分，它的作用是保护花瓣和子房。

科学家的眼睛

合瓣花与离瓣花

▲ 花瓣没有分开而是呈一个整体的称为合瓣花。

▲ 花瓣各自分开一片一片的称为离瓣花。

一颗种子的旅行

准备材料 苹果、柿子、梨等

花凋谢之后，果实就长在花凋谢的位置上。果实和种子为了繁殖后代费尽心机向远方播种。下面我们来观察一下各种植物的种子和它们各自的播种方法。

长在果实里的种子

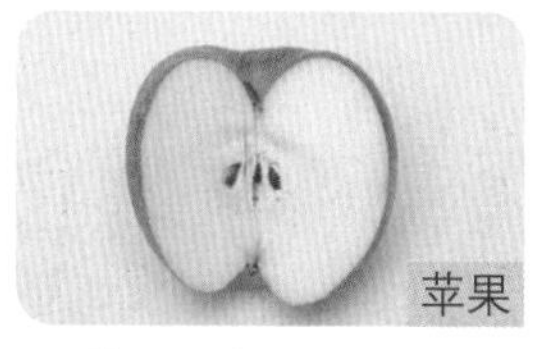
苹果

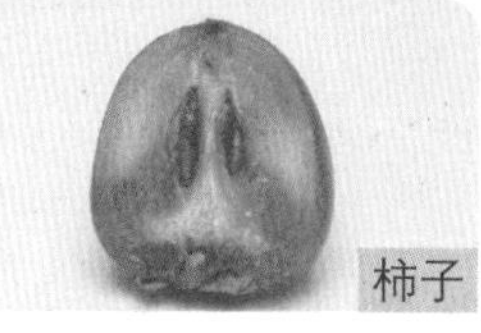
柿子

梨

▲ 苹果、柿子、梨的果实呈圆球形，直径约为5～15cm。香甜的果实里长着许多颗种子。

▲ 依靠动物食用果实之后的排泄物来传播种子。

随风传播的种子

蒲公英

松树

▲ 蒲公英、松树的种子非常小，可以随风传播到很远的地方。

枫树

▲ 枫树种子长有类似翅膀的结构，可以随风飞去很远的地方。

▲ 依靠风力传播种子。

长在豆荚里的种子

菜豆

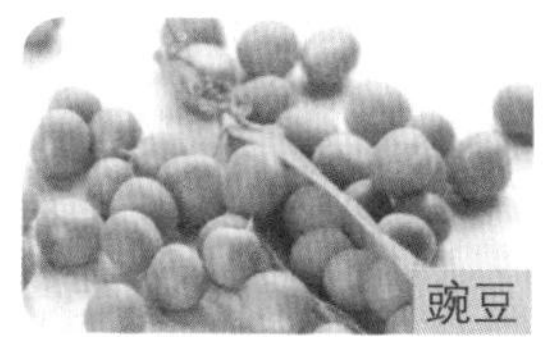
豌豆

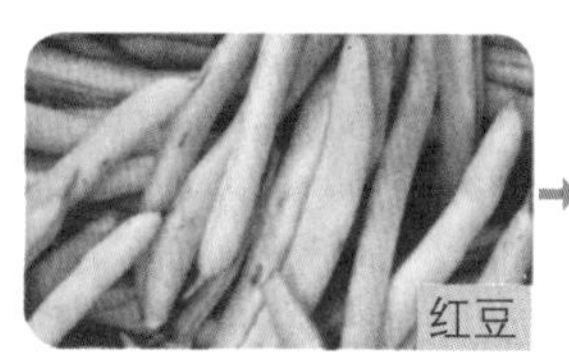
红豆

▲ 菜豆、豌豆和红豆的种子长在豆荚里面。

▲ 豆荚风干之后会开裂，种子依靠豆荚爆裂时产生的力量来传播。

通过观察得知的结论 种子大多长在果实或者豆荚的里面，但也有直接裸露在外面的。种子为了减少彼此之间的竞争会尽量向远方播种，这时不同植物采取的播种方式也是不同的。有的种子靠动物吃掉果实来播种，有的种子长着轻盈的翅膀可以随风播种，长在豆荚里的种子则靠豆荚爆裂的力量来完成播种。

科学家的**眼睛**

银杏树的花

银杏树花朵的雄蕊和雌蕊不是生长在同一朵花里的。只长有雄蕊的花叫作雄花，只长有雌蕊的花叫作雌花。而且银杏树还分为只开雄花的雄株和只开雌花的雌株。开有雌花的雌株必须要得到来自雄花的花粉才能够结出银杏果实。因此秋天在众多银杏树中，能够结出银杏果实的树就是开雌花的雌株。

雄花

雌花

植物生长的地方和外观

在没有水的沙漠和海风强劲的海边植物也可以生长吗?

41 观察 小草和大树各有长处

在我们周边生长的植物中有些被称为草类，也有一些被称为树木。下面我们就通过藜和枫树来了解一下区分草类和树木的标准吧。

准备材料 植物图鉴、植物卡片

草类的特征——藜

植株比较矮。

▲ 藜是一年生草本植物，到了冬天就会枯死。常见于平原上，植株不太高。通过光合作用来获得养分，有根、茎、叶。

树木的特征——枫树

植株高大。

秋天　冬天　第二年春天

▲ 枫树是多年生木本植物，虽然冬天叶片会凋落，但是到了第二年春天又会长出新的叶片。常见于山地或森林，植株高大。枫树和藜一样都是通过光合作用来获得养分，有根、茎、叶。

科学家的眼睛

适应环境的植物

植物们在各自不同的地点生长着。田野、森林、池塘、江边、高山以及海边都可以成为植物的生长地。植物们为了适应生长地的环境，拥有各自独特的特征。生活在水中的植物拥有可以在水面上或水底呼吸生长的能力，生活在高山上的植物需要适应强风的环境。而生活在沙漠的植物则需要适应干燥的环境，有些植物的叶片因此而变成了针状，目的是为了防止水分的蒸发。

生活在沙漠的猴面包树

科学家的眼睛

年轮出现的原因

把树干横着截断的话会看到一圈一圈的深色环形纹理，这些纹理就是树木的**年轮**。我们可以通过树木的年轮来推测树木的年龄。那么年轮出现的原因是什么呢？树木的茎中有一个名为形成层的部分。形成层的细胞在春天和夏天生长旺盛，并且因为吸收的水分充足所以细胞体积较大，颜色也较淡。然而形成层的细胞到了秋天和冬天生长变得缓慢，细胞体积也比较小，颜色较深。年轮就是因为这每年一深一浅的交替而形成的，一年长一圈。

〈草类和树木的比较〉

分类	草类	树木
大小	植株大多较小。	植株大多较大。
寿命	一年生，两年生，多年生	大多可生长数十年至数百年
生长	只生长一到两年，因此植株较小。	数十年至数百年期间持续生长。
生长地	大多生长在田野。	大多生长在山地。
用途	可欣赏花卉，大多都可以食用。	获得果实、制造景观或生产家具。

草类的用途

▲ 草本植物中很多都会开出美丽的花朵。

▲ 很多草本植物可以作为野菜食用，还可以用来煮汤。

树木的用途

▲ 坚硬的树木可以用来盖房子，还可以用来制作围棋棋盘等。

▲ 秋天可以摘板栗树的果实板栗，槲栎的果实橡子来吃。

通过观察得知的结论 草类大多只生长1～2年，因此植株比较小；树木大多可以生长几十年到上百年，植株一直在生长。草类大多用于观赏花卉或者食用，树木则用于获得果实、制造景观或生产家具等。

陆生玉簪和水生葫芦有什么不同

玉簪是生长在土壤中的植物，而水葫芦是漂浮在水面生长的植物。我们来比较一下玉簪和水葫芦的外观，以此来比较了解水生植物的特征。

准备材料 玉簪、水葫芦、美工刀、放大镜

什么是叶柄？

叶柄是植物叶中用于连接叶片和植物茎秆的部位。

① 观察玉簪和水葫芦的外观。

② 切下玉簪和水葫芦的叶柄。

③ 用放大镜观察玉簪和水葫芦叶柄的横截面。

玉簪的外观

▲ 玉簪

玉簪有根、茎、叶，通过光合作用获得生长必须的养分。生长在地面上。

▲ 玉簪的花

花开白色，一根花茎上长着许多朵小花。

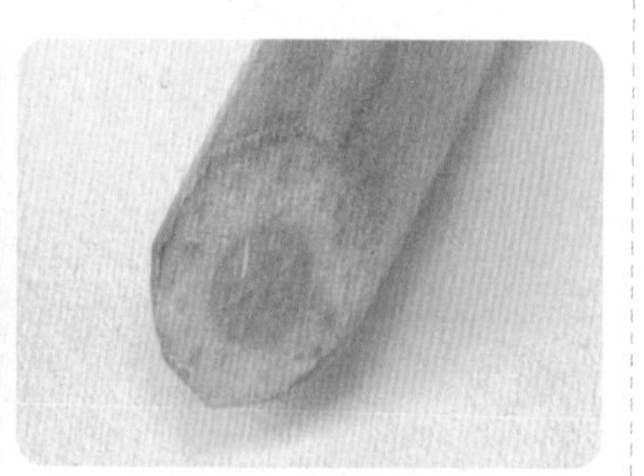

▲ 玉簪叶柄的横截面

叶柄密实紧致，没有气囊。

水葫芦的外观

▲ 水葫芦

水葫芦有根、茎、叶，通过光合作用获得生长必须的养分。生长在水面上。

▲ 水葫芦的花

花开淡紫色，花型较大。

▲ 水葫芦叶柄的横截面

叶柄里长有气囊。

通过观察得知的结论 玉簪和水葫芦都会开花，都有根、茎和叶，而且两者都是依靠光合作用来获取生长必须的养分。玉簪由于生活在地面上因此叶柄里没有气囊，而水葫芦因为是生活在水面上的，为了能够漂浮在水面上因此叶柄里长有气囊。

水面漂和水中游的植物们

准备材料 植物图鉴、植物卡片

池塘或江边的环境与地面或花坛里的环境是有区别的。植物为了在池塘或江边生存，需要具备适应环境的独特构造。观察漂浮在水面生长的植物，浸泡在水中生长的植物以及生长在水边的植物，了解它们都具备哪些特征。

漂浮在水面生长的植物

浮萍

槐叶萍

水浮莲

▶ 浮萍叶片的背面长有气囊所以可以漂浮在水面上。槐叶萍和水浮莲的叶片又大又轻，所以也可以很容易地漂浮在水面上。

浸泡在水中生长的植物

金鱼藻

苦草

黑藻

▶ 金鱼藻、苦草、黑藻茎秆纤细且柔软，叶片窄小，具备适宜在水下生长的构造。但如果把这些植物从水里捞出来会整个耷拉下来。

仅叶片或花漂浮在水面的植物

莲花

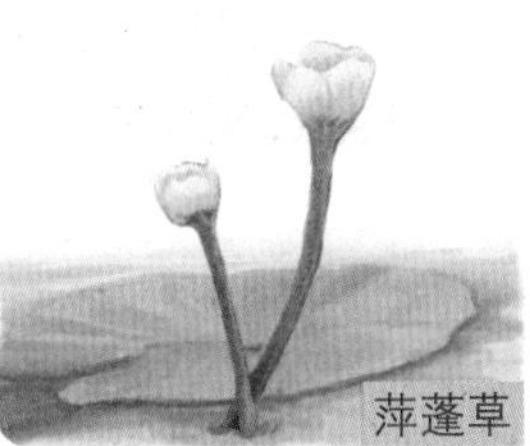
萍蓬草

菱

▶ 莲花、萍蓬草、菱扎根于水底的泥土中，仅叶片和花漂浮在水面上生长。

生长在水边的植物

芦苇

香蒲

茭白

▶ 芦苇、香蒲、茭白是生长在水边的植物。同样扎根于水底的泥土中，植株很高，茎秆坚韧可以顶住水边的强风。

通过观察得知的结论 漂浮在水面生长的植物，在叶片的背面或叶柄中长有气囊，可以轻松地漂浮在水面上。而浸泡在水中生长的植物叶片纤细柔软适宜在水下生活，生长在水边的植物可以抵挡住强烈的风。如上所述，植物也需要适应环境来生活。

44 观察 仙人掌为什么不怕渴

仙人掌在没有水的沙漠也可以生活很长时间。下面我们就来切开仙人掌的茎秆，找一找原因吧。

准备材料 仙人掌、手套、美工刀、放大镜

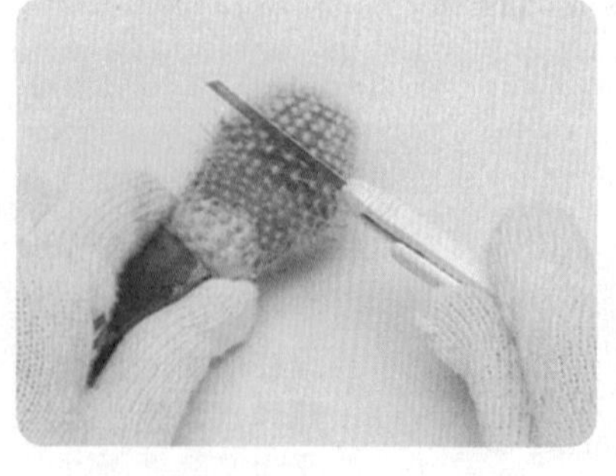

① 用美工刀切开仙人掌的茎秆。

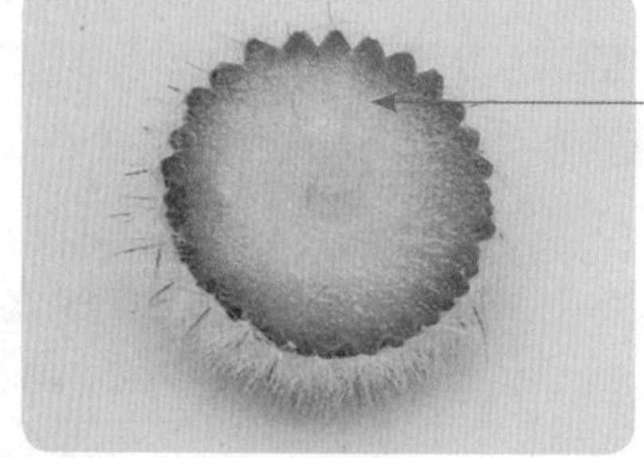

② 观察仙人掌茎秆的横截面。

仙人掌的茎秆中含有大量的水分，切开后的横截面摸起来手感湿滑。

仙人掌适宜生长在沙漠的优势

◀ 仙人掌厚实的茎秆里储存了大量的水分，因此即使天气干燥也可以坚持很长一段时间。

◀ 仙人掌上长着许多由叶片演变成的刺，可以防止水分的蒸发。另外，因为有刺动物不敢随意食用仙人掌。

通过观察得知的结论 厚实的茎秆里储存了大量的水分，因此即使天气干燥也可以坚持很长一段时间。叶片演变成刺的形状可以防止水分蒸发，让动物不敢随意食用。

科学家的眼睛

生活在高山上的植物和生活在海边的植物

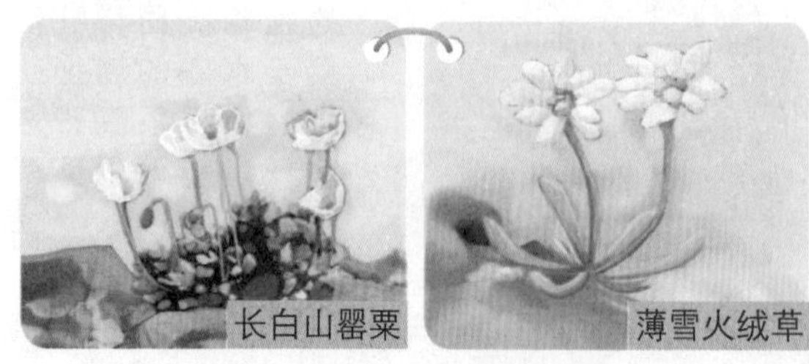

▲ 长白山罂粟和薄雪火绒草是生长在高山上的植物。由于高山上温度很低，风力也很强，因此高山植物的茎都很短，而且是向侧面生长的。

▲ 肾叶打碗花和沙苦荬菜是生长在海边的植物。海边植物都长着匍匐茎以抵挡强烈的海风。

如何采集植物？

采集草本植物

① 用园艺铲把植物挖出来，注意不要伤到根部。如果植物周边的土壤比较坚固的话，可以先撒一些水松一下土，然后再挖。

② 用园艺铲在植物周围环绕360° 挖出土壤。把植物和周边的土壤一起拔出来，小心地抖掉泥土，注意不要伤到根部。

③ 把采集来的植物放进塑料袋里。

④ 把写有采集编号、日期、地点等信息的纸一起放进塑料袋里。

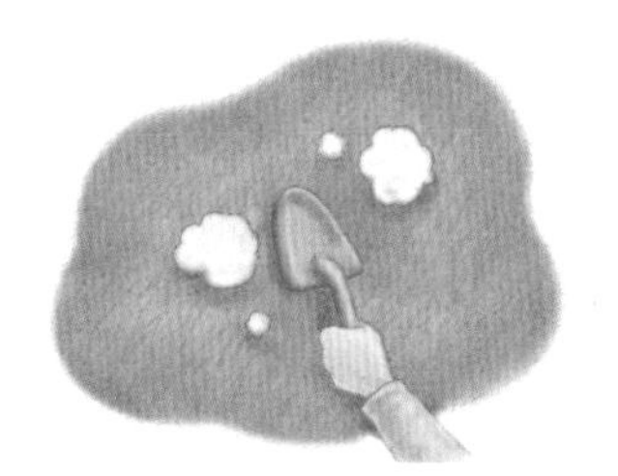

⑤ 挖开的土地用植物根上抖下来的泥土重新填好。

⑥ 用水把挖来的植物根上的泥土清洗干净，放在装有水的水缸中保存并进行观察。

采集木本植物

① 挑选一根长有花或果实，再或者能够充分体现被采集植物特征的枝干。用大剪刀把挑选好的枝干剪下来。

② 把采集来的树木枝干放进塑料袋中，再放入写有采集编号的纸条。

采集草本植物时应该挑选发育完全，并且开了花或者结了果实的植株，连同根部一起采集下来。采集木本植物时则应该选择长有花或果实的枝干，用大剪刀剪下50～60cm，注意剪的时候不要损伤枝干。相同的植物不用采集太多，一般采集2～3个就可以了，1个留给自己保管，剩下的则在向老师或了解植物的人询问植物名称，以及学习其他植物时使用。另外还要留心观察植物采集的地点，周围的地形，花的颜色、状态以及周围的其他植物，并把这些内容记录在本子上。如果采集筒里的植物放满了的话，就把植物按种类夹在报纸里压好，再用绳子绑起来带到学校来。

地球和宇宙

start!

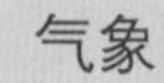

“地球和宇宙”通常被称为地球科学，内容包括气象、地壳、海洋和天文学等。下面我们就来好好了解一下我们所生活的地球以及包括地球在内的宇宙吧。

天气的要素

今天的天气如何？描述天气需要具备哪些要素呢？

45 实验 用温度体会冷暖

在我们的周边有暖和的东西，也有冰冷的东西。表示温暖和寒冷程度的数字就称为**温度**。为了了解温度我们可以直接用手触摸，也可以用工具来测量。用手触摸一下温暖的和寒冷的物体并说一下感受，再用温度计测量一下温度。

准备材料 冷水、温水、热水、温度计、水缸

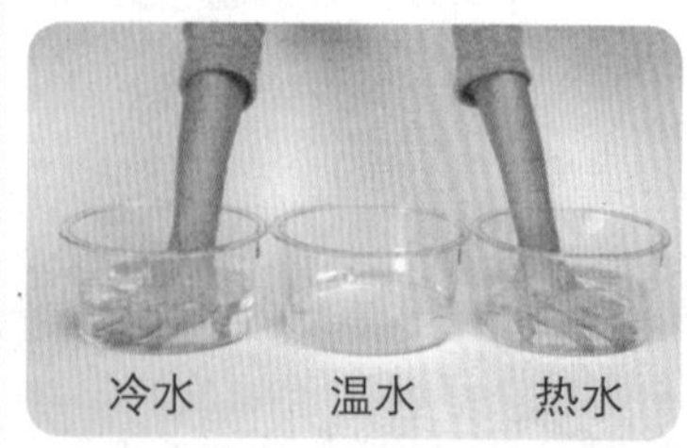

① 一只手放进冷水里，另一只手放进热水里，静置10秒左右。

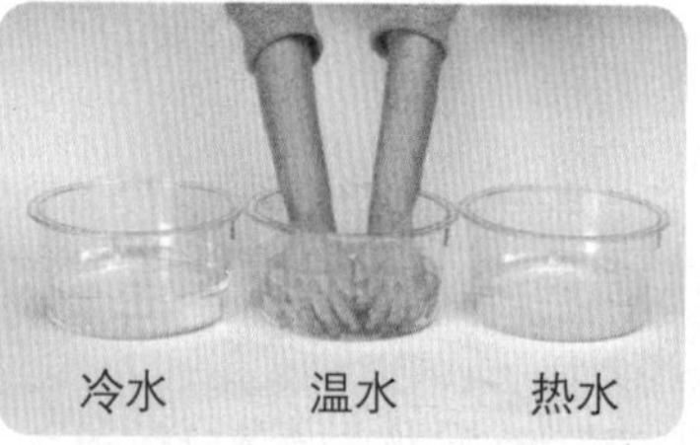

② 然后把两只手同时放进温水里，比较一下两只手的感觉。

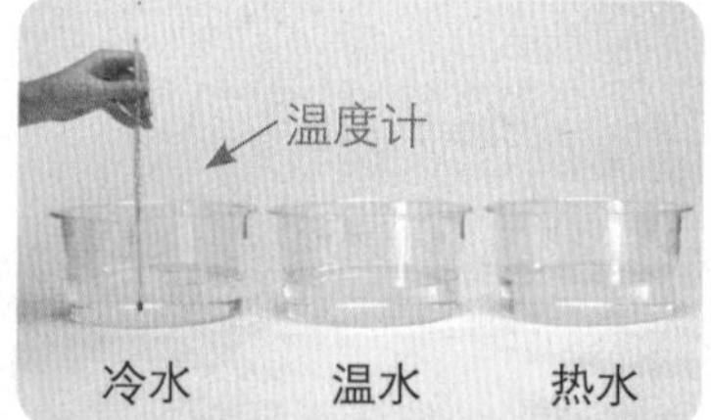

③ 最后用温度计分别测量一下冷水、温水和热水的温度。

手的位置	手的感觉	水的温度
放进凉水里的时候	冰冷	10℃
放进热水里的时候	温暖	40℃
从冷水里移动到温水里的时候	温暖	30℃
从热水里移动到温水里的时候	冰冷	30℃

▲ 物体的寒冷或温暖可以用温度来进行表示。

通过实验得知的结论 寒冷的地方温度低，温暖的地方温度高。但是在相同的温度下，人们依然可以感受到温度的差异。而且不同的人感觉到的温度也有所不同。这时我们就可以利用温度计来对温度进行准确的测量。

科学家的眼睛

正确使用温度计的方法

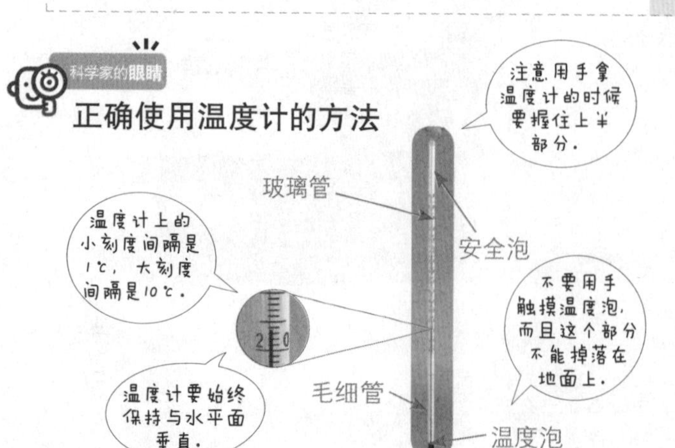

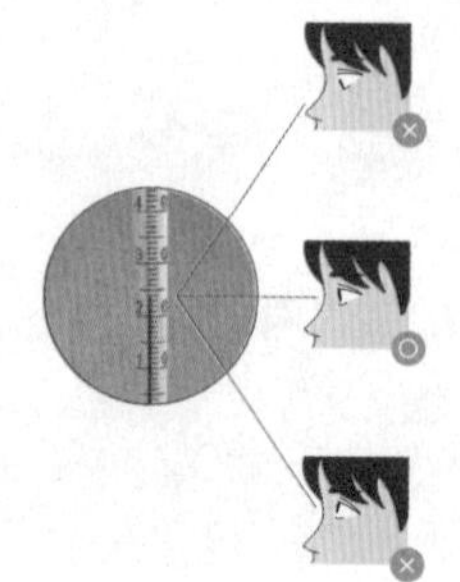

◀ **阅读温度计的方法**
首先要等到温度计里的红色线不再发生变化。然后在距离温度计20~30cm左右的地方，使眼睛与红色线的最高点保持水平再阅读刻度。现在图中温度计上的温度是24℃。

46 调查 温度随着地域的变化而变化

准备材料 温度计、纸笔

天气的寒冷或温暖可以通过空气的温度来进行测量。空气的温度叫做气温。不同地点的气温会有怎样的变化呢？用温度计测量教室内外不同地点的气温，并把数值制作成图表。

教室窗边：25℃

教室走廊附近：22℃

走廊：21℃

运动场（地面）：27℃

运动场（身高位置）：24℃

注意 在更换场所测量温度的时候，需要等待大约3～4分钟的时间，温度计的红色线才能够停留在一个准确的刻度上完成测量。另外注意不要让温度计被阳光直射到。

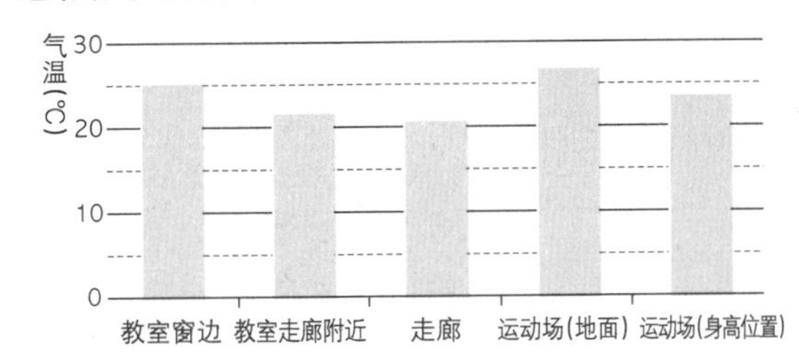

◀气温会随地点发生变化。测量教室内外多个地点的气温结果显示，气温从高到低的顺序是运动场（地面）、教室窗边、运动场（身高位置）、教室走廊附近、走廊。也就是说受到光照越多的地方气温越高，光照越少的地方气温越低。

通过调查得知的结论 气温会随地点发生变化。像运动场这种光照充足的地方气温相对较高，而学校走廊受到的光照较少因此温度也较低。另外在其他条件相同的情况下，建筑物里面的气温通常会高于外面的气温。而且即使在同一个场所，气温也会随高度的不同而发生改变。

科学家的眼睛

百叶箱

气温会随测量地点发生变化，在相同的地点也会随高度而发生变化，因此气温需要在具备一定条件的地方进行测量。这个地方就是百叶箱了。百叶箱为了避免受到太阳光的直接影响需要制作成白色的箱子，同时为了保证通风和避免受到光照应该建在草地上，温度计刻度设置在距离地面1.5米的高度上。另外，为了保证通风，外墙应制作成鱼鳞状，观测时为了避免受到阳光的照射，门应该朝北开。百叶箱内设置有最高温度计、最低温度计、磁性温度计和湿度计等。

百叶箱　　百叶箱的内部

47 调查 温度随着时间的变化而变化

换季的时候通常早晨会感觉很冷，白天又会很热。那么一整天里气温是如何变化的？以及不同天气下一整天的气温有哪些变化？下面我们就根据时间点，对晴天时和雨天时学校一整天的气温分别进行测量，并用图表表示出来。

准备材料 温度计、纸笔

晴天

早晨：15℃

白天：23℃

晚上：17℃

雨天

早晨：12℃

白天：15℃

晚上：14℃

晴天，气温随时间的变化

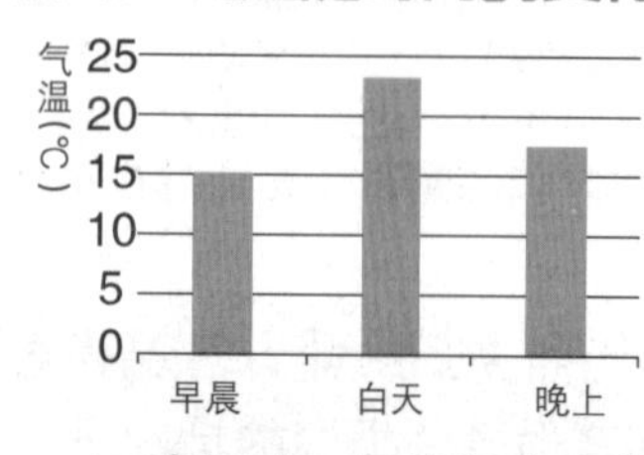

▲ 晴天时，早晚和白天的温差较大。

雨天，气温随时间的变化

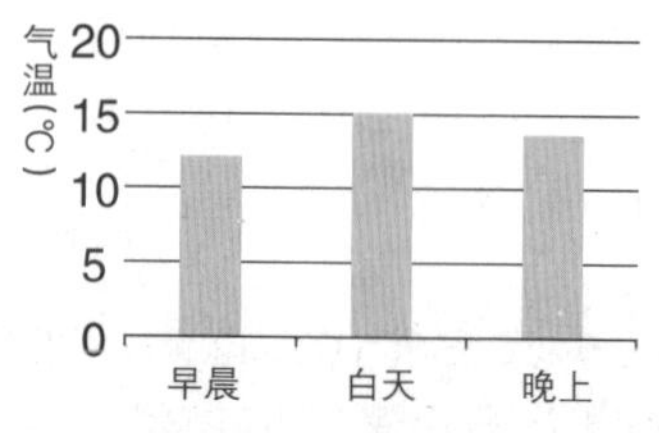

▲ 雨天时，早晚和白天的温差相对较小。

通过调查得知的结论 一整天的气温会随着时间而发生变化。一天中早晨的气温最低，白天的气温最高。白天由于有太阳的照射因此气温较高，而早晨和晚上因为没有阳光因此气温较低。气温还会随天气而发生变化，晴天时早晚和白天的温差比雨天时早晚和白天的温差要大。

各种温度计

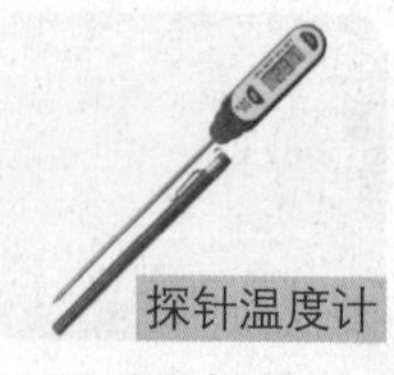
探针温度计

▲ 可以用探针测量任意想要测量部位的温度。

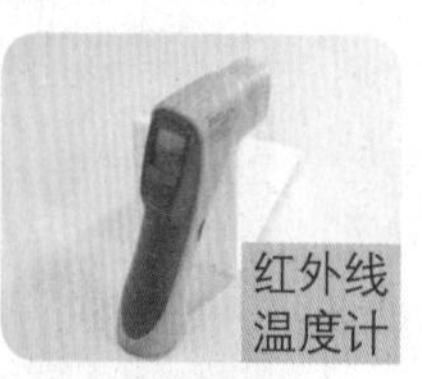
红外线温度计

▲ 可用于测量物体表面的温度。

液晶温度计

▲ 温度计随温度的变化而改变颜色。

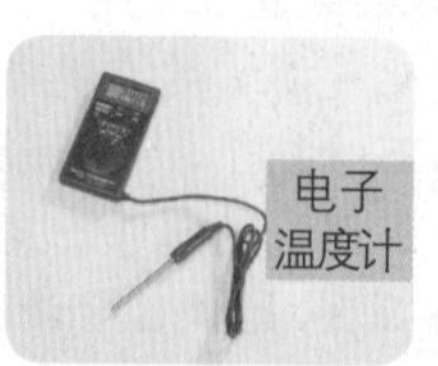
电子温度计

▲ 用数字表示温度。

双金属温度计

▲ 最高可以测量150℃的温度。

亲手测量风向和风速

适当地吹一些风会觉得天气凉爽，但是如果风吹得太厉害了就会感觉到冷。由此可知风也会对天气产生影响。那么怎么才能知道有没有在刮风呢？下面我们就来动手制作一个可以测量风向和风力的简易风向风速计，并来亲自测量一下风的方向和速度。

准备材料 玉米棒、玉米图钉、彩带、透明胶带、指南针、签字笔、彩色画纸

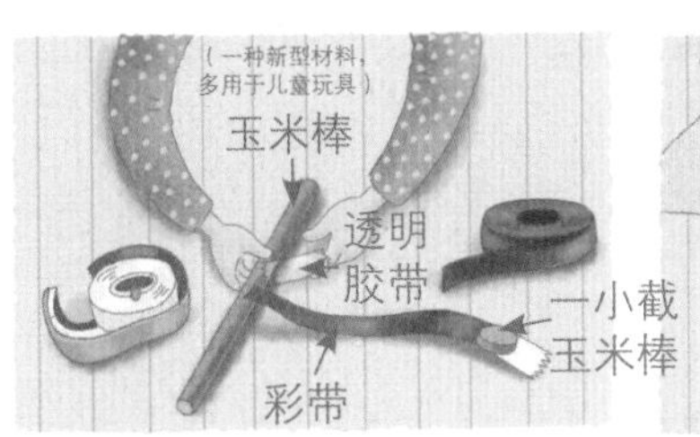

① 用透明胶带把彩带粘在玉米棒上之后，再在彩带的另一端粘上一小截玉米棒。

② 再剪下一段20cm左右的玉米棒，用两种不同颜色的彩色画纸剪出一个三角形和一个箭头的形状，分别贴在玉米棒的两端。

③ 把②玉米棒横着放在①玉米棒的顶端并用玉米图钉固定住。

风从东边吹来的时候

▲ 简易风向风速计的箭头指向东方，彩带随着风吹的方向飘扬。因为风是从东边吹向西边的，因此是东风。

风从西边吹来的时候

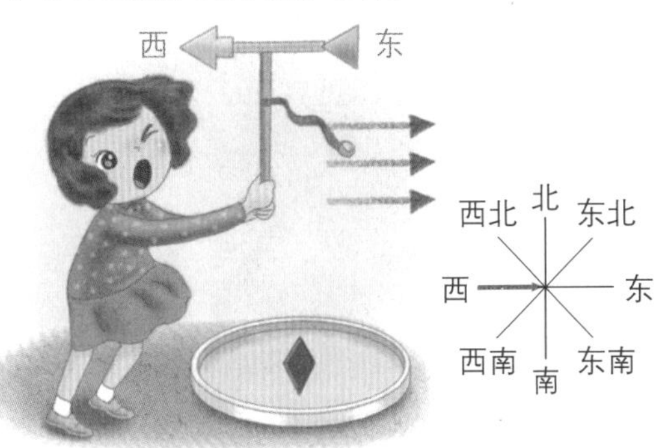

▲ 简易风向风速计的箭头指向西方，彩带随着风吹的方向飘扬。因为风是从西边吹向东边的，因此是西风。

风的强度（风速）

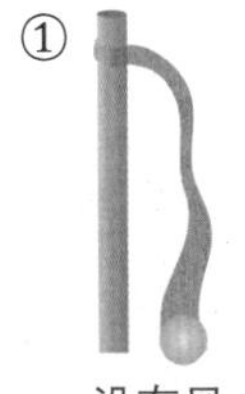

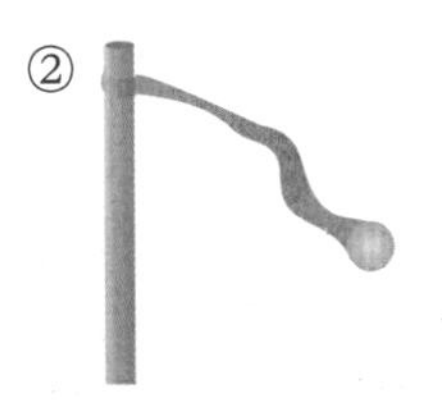

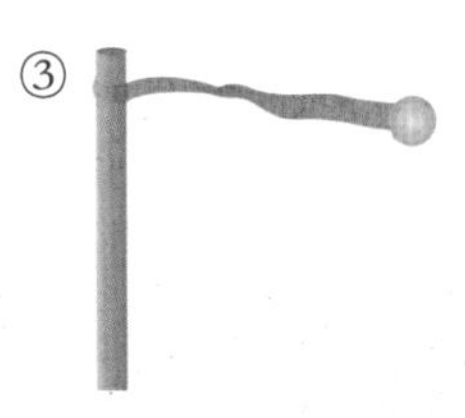

◀ 风的强度可以根据彩带飞起的高度进行测定。彩带飞得越高就说明风力越强。因此左边的三幅图中，①是没有风的状态，②是有微风，③是有强风。现实中表示风速时用到的单位是m/s。

通过实验得知的结论 为了弄清楚风是从什么方向吹过来的，风的强度是多少，我们可以制作一个简易的风向风速计，然后找一个通风良好的地方进行测量。风向计指的方向就是风吹来的方向，风速计上的彩带飘得越高就表示风力越强。

49 观察 云朵能告诉我们什么

准备材料 云卡片、彩色铅笔、相机

天空如果飘满了云彩就是阴天，如果没有云彩就是晴天。云有各式各样的颜色和形状，不同类型的云漂浮的位置也不一样，而且云漂浮的位置还会随着时间发生变化。下面我们来观察各式各样的云彩。

卷云

▲ 白色，形似羊毛或鸟的羽毛。飘在高空中，常见于晴朗的秋天。

卷积云

▲ 白色，形似鱼鳞或水纹。呈小块状。

卷层云

▲ 天空仿佛蒙上了白色的绸缎。可以看到日晕或月晕。

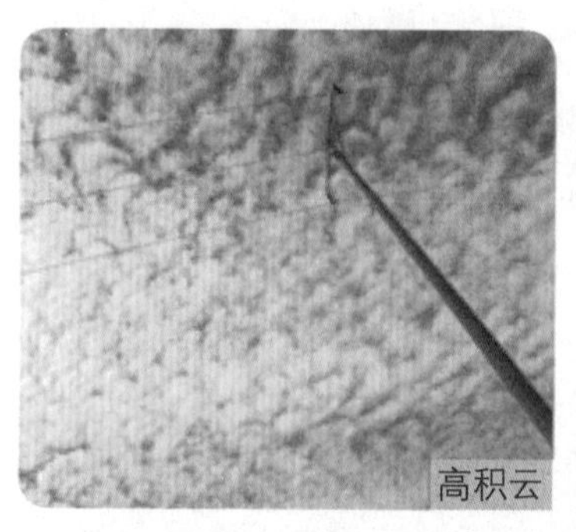
高积云

▲ 白色或灰色，仿佛一大片羊群。可能是飘在一小片天空中，也有可能是飘满整个天空。

高层云

▲ 带有条纹的白色或深灰色。有时没有条形纹理，通常是覆盖整个天空的。

雨层云（雨云）

▲ 象征要下雨或下雪的云层，因此称为雨层云。云层为灰色，天空完全看不见太阳或月亮。

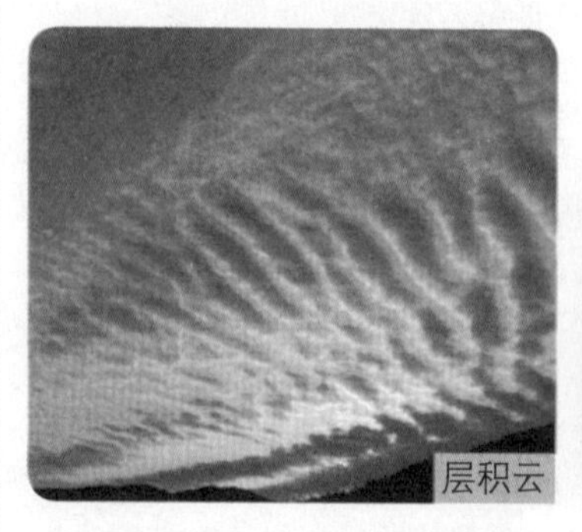
层积云

▲ 深灰色的长条形云朵横向成块地堆积出许多层。有时候看起来像丘陵一样。

层云

▲ 灰色的云层看起来像雾，一层一层的，可以在靠近地面的地方看到。

积云

▲ 云海扁平，云层一大团一大团地凸起来。云层轮廓线条清晰，多见于炎热的天气或初夏的天空。

云有的时候多得可以覆盖整个天空，晴天时又少得看不到一片云彩。云量的多少决定了天气的晴朗或阴暗。阴天是因为大量的云层挡住了太阳，因此云彩多的时候天气就是阴暗的。云少的时候因为没有东西遮挡阳光，所以天气就是晴朗的。

云量的标记方法是将天空分为10成，云层覆盖的程度占到10成中的多少就记录为多少。云量占到整个天空的0～2成时为“晴天”，占到3～7成时为“多云”，占到8成以上时为“阴天”。天气随云量而产生阴晴转变，有时还会因此而下雨，因此人们会观察云量并用记号来表示。

晴天

少云

多云

阴天

云层并不是总待在一个地方不动。下面我们就来观察一下云层在一段时间内是如何移动的。观察云层移动的时候需要到山上或有树木遮挡的地方进行观察，这样才能够看清楚云层的移动。

下午1点

下午1点5分

下午1点10分

云有白色的也有黑色的。云的颜色与形成云的水滴大小有关。构成乌云的水滴体积较大而且厚重，把光全都吸收掉之后就显现出了黑色。虽然我们不能根据云层的颜色准确地推测天气。但是如果天空中飘着的是乌云的话，那么乌云中的水滴掉落到地面的概率会增高不少。

白云

乌云

通过观察得知的结论 云层的形状、高度和颜色各不相同。按照这些标准云层大约可以分为十多种类型，不同天气状态下看到的云也是不同的。云的形状和位置会随着时间而发生变化。原因是上层的空气发生了变动。当上层空气没有流动的时候，也就是上层无风的状态下，云的形状和位置几乎是不会发生变化的；但是如果上层空气发生了流动，那么云的形状和位置也会随之产生变化。即云的形状和位置因为风的影响而时时刻刻发生变化，也正因如此，云的状态才能够体现出天气的变化。

50 实验 如何知道今天下了多少雨

准备材料 上下直径不同的三个透明碗、尺子

下雨的时候我们会撑伞出门或者穿上雨衣。雨天在学校里因为运动场地都湿透了，所以不能做体育活动。下雨对我们的生活造成了许多像这样的影响，其中降雨量是非常重要的一个指标。如果雨下得太多会引发洪水，会给人们造成非常严重的损失。如果雨下得太少农作物就无法正常生长，但雨下得太多对农作物的生长也有不利的影响。

▲ 降雨量过大会引起洪水

▲ 不下雨的话农作物无法正常生长

由此可知降雨量对我们的生活有着很大的影响。下雨的时候我们可以根据天气预报中所说的预计降雨量提前做好预防工作。但是降雨量是如何测定的呢？下面我们就来了解一下降雨量的测定方法。

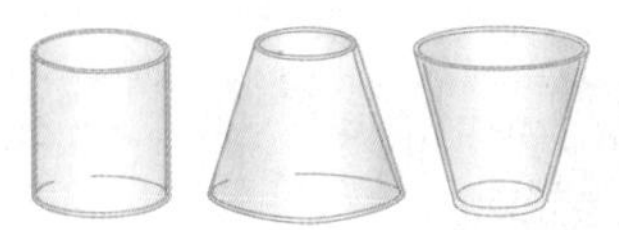

① 准备三个直径各不相同的碗。

② 在相同的时间段内用这三个碗接雨水。

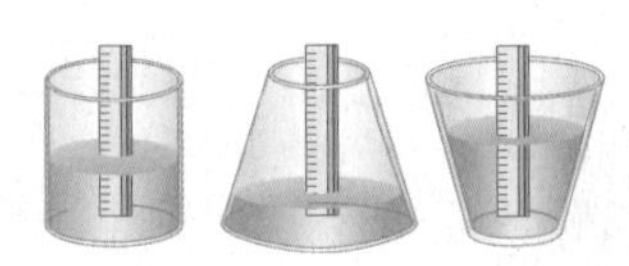

③ 用尺子分别测量三个碗里水的深度。

结果

◀ 上下直径相同的圆柱形碗里水的深度在50mm左右，降雨量中等。

◀ 开口直径较小，底端直径较大的碗里水的深度为40mm左右，降雨量最低。

◀ 开口直径较大，底端直径较小的碗里水的深度为62mm左右，降雨量最高。

通过实验得知的结论 三个碗中雨水的深度各不相同。其原因是三个碗的形状各不相同。因此为了准确地测量降雨量，应该使用上下开口直径相同的圆柱形的容器。用于测定降雨量的工具名为雨量计。雨量计是圆筒形的，上下开口直径相同，材质多为金属或塑料。在设置雨量计的时候应该保证雨量计是高出地面的，这样做是为了防止雨水溅出雨量计或者防止泥土或沙子连同泥土一起流进雨量计里。

科学家的眼睛

测雨基的模样

测雨基是1441年朝鲜世宗时期发明的全世界最早的雨量计。但是人们将测雨基的主体制作成圆筒或圆柱形的启发是来自于哪里的呢？原因是如果测雨基主体横截面是三角形或四边形的话，那么雨滴打在棱角上的时候可能会溅出去，而且刮风的时候进入测雨基的雨水量也会发生改变。因此现在人们也是用圆柱形的雨量计来测定降雨量的。

51 实验 用面粉捕捉雨滴的大小和形态

下小雨时雨滴很细，而下大暴雨时雨滴又很大。目前为止世界上最大的雨滴是在夏威夷观测到的，雨滴大小约在8mm左右，只比小手指的指甲盖稍微小一点。那么平时下雨时，雨滴的大小是多少呢？让我们学习一下测量雨滴大小的方法和原理，然后动手测量一下雨滴的大小吧。

准备材料 盘子、细筛子、箱子、纸张、面粉、尺子

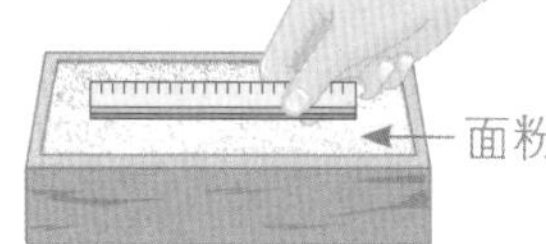

① 箱子里装满面粉，用尺子把面粉压平压实。

② 下雨天撑着伞到外面，把装有面粉的箱子放进雨中收集雨滴。

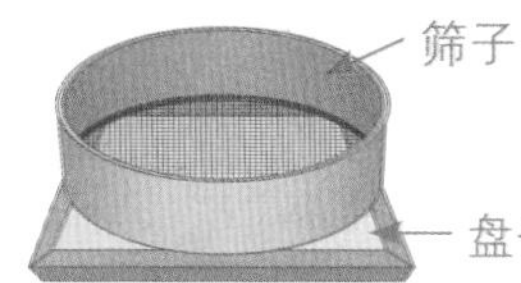
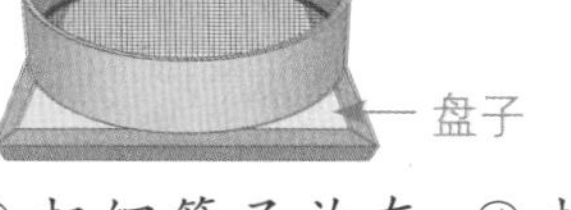

③ 把细筛子放在盘子上面。

④ 把箱子放在盘子上面慢慢地往里面倒面粉。

⑤ 小心地晃动筛子。

⑥ 把留在筛子上的面粉块小心地倒在纸上。

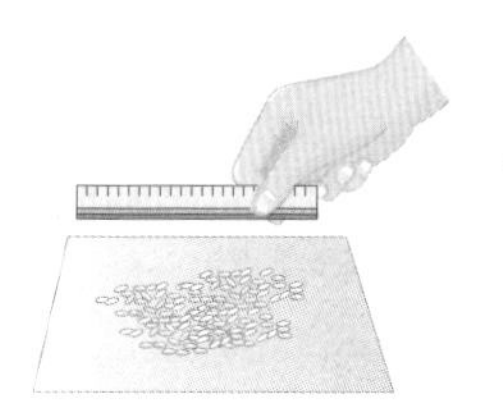

⑦ 用尺子测量面粉的大小。

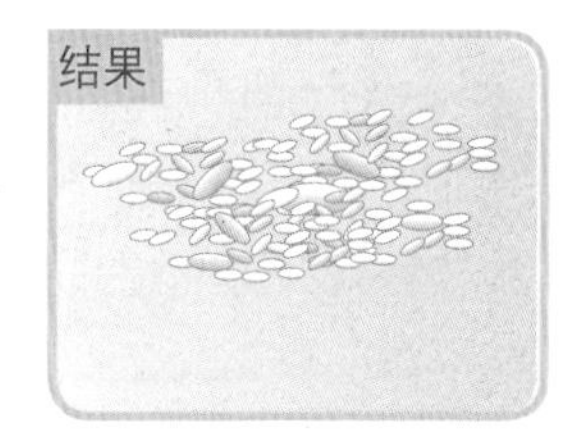

▲ 雨滴的大小各不相同。大部分雨滴的大小在2mm左右。

通过实验得知的结论 留在细筛子上的面粉结块保留了雨滴滴落时的模样。实际情况中测量到的雨滴大小不固定，但是大部分的雨滴直径都在2mm左右。雨滴大小各不相同是因为雨滴是由许多小水滴结合而成的，雨滴的大小随水滴结合的程度而定。另外，即使雨滴在最初滴落时体积较大，下降的过程中也可能因为空气的阻力而被分裂成小雨滴，因此实际滴落到地面的雨滴个头都非常小，而且大小不均一。

科学家的眼睛

雨滴滴落时的样子

形成云的雨滴非常小因此可以飘浮在空气中。当云层中的小水珠聚集起来逐渐变大，直到空气无法再托住水滴时就掉了下来，这就是雨形成的过程。

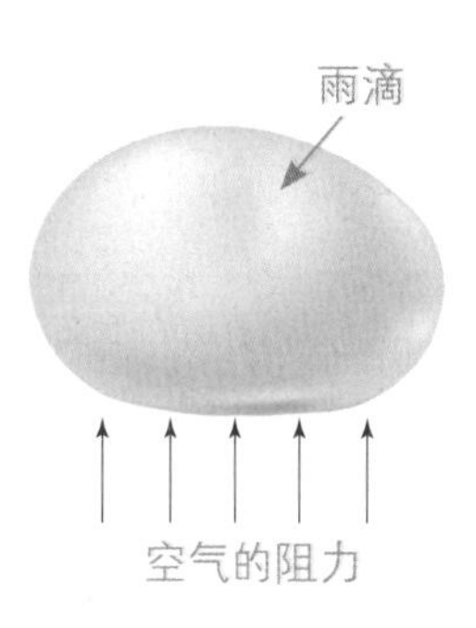

百万个小水滴凝聚在一起才能够组成一个雨滴。成形后的雨滴开始下落，这时雨滴的底部会受到大气的阻力，雨滴就变成了底部平坦类似馒头的模样。如果成形的雨滴体积非常小，那么受到的空气阻力也就很小，几乎呈球形，但大部分的雨滴在滴落的过程中都是呈馒头状的。

一段时间内的天气

如何得知天气信息？而天气对我们的日常生活又有哪些影响？

52 调查 最近天气怎么样

观察天气的时候需要了解气温、风向、风力、云量以及降雨量等信息。这些表示天气的信息每天都是不一样的。为了了解天气我们先来制订一个调查计划，然后对一段时间内的天气进行调查。

准备材料 温度计、圆柱形的容器、风向风速计、尺子、指南针、表

什么时候

◀ 每天在相同的时间进行观测。

什么地方

◀ 每天在相同的地点进行观测。

什么内容

▲ 利用温度计测量温度。

▲ 利用风向风速计测定风的方向和风的强度。

▲ 用眼睛观察云在天空中所占据的程度。

▲ 用圆柱形的容器或碗测定降雨量。

科学家的眼睛

天气预报中出现的各种记号

在一定的时刻用既定的数字和符号，表示各地区的天气状态的图叫作气象图。气象图上使用的符号包括表示风向、风速、云量等的气象要素，气象图上的曲线是将气压相同的地区连起来绘成的等压线。

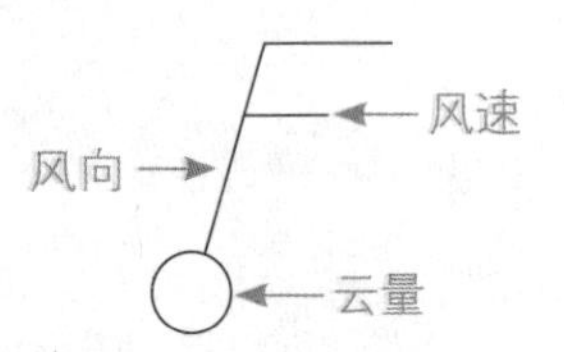

气象图上使用的符号

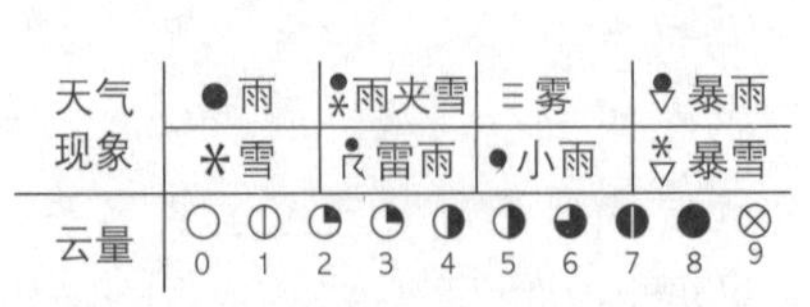

天气现象	●雨	雨夹雪	≡雾	暴雨
	*雪	雷雨	•小雨	暴雪

云量	○	⦶	◔	◔	◑	◑	◕	◕	●	⊗
	0	1	2	3	4	5	6	7	8	9

等压线

气象图

科学家的眼睛

为了预报天气，气象局需要做哪些事情?

气象局利用观测地面天气的地面气象观测，观测30km以上高空天气的高空气象观测，通过气象卫星获取云层信息的卫星气象观测，用多普勒气象雷达实行的气象雷达观测以及海洋气象观测等各种方法对天气进行观测，努力为人们提供快速且准确的天气预报信息。

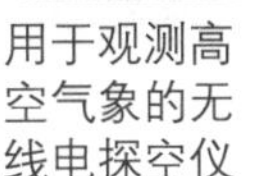
用于观测高空气象的无线电探空仪

气象雷达

用于观测海洋气象的浮标

从7月1日到7月5日，每天上午10点在相同的地点对当天的气温、云量、风向、风速、降雨量等进行测定之后，将期间的天气按照下列表格进行整理。

日期	气温	云量	风向	风速	降雨量	整体天气
7月1日上午10点	25℃	晴天	东风	弱风	0mm	天气晴朗无云，有东风弱风。
7月2日上午10点	27℃	多云	东风	弱风	0mm	天气多云，有东风弱风。
7月3日上午10点	20℃	下雨	东南风	强风	每小时15mm	全天下雨，有东南风强风。
7月4日上午10点	22℃	阴天	东南风	弱风	0mm	云层密布的阴天，有东南风弱风。
7月5日上午10点	25℃	晴天	无风	无风	0mm	天气晴朗万里无云，几乎不刮风。

▲ 气温最低的是7月3日，气温最高的是7月2日。期间下雨天是7月3日，风力最大的也是7月3日。7月1日到7月5日之间的天气是晴转阴，阴转雨，雨再转晴。由此可知，每天的天气都是不同的，天气始终是变化的。

通过调查得知的结论 在对一段时间的天气进行调查时，每天务必要在相同的时间和相同的地点进行调查。完成调查之后最好可以用数字或符号把天气信息记录下来。像这样通过对连续几天的天气进行调查之后，就会发现天气是每天都在变化的。

去调查学习或外出串门之前一定要先看天气。平时我们可以通过报纸、网络、广播、电视节目或者天气预报电话（12121）等方式提前了解天气情况。这些提前告知人们天气情况的信息称为**天气预报**。天气预报会告诉人们气温、刮风、多云、有雾、下雨等关于天气的信息。让我们来登录中国气象局（http://www.cma.gov.cn）主页了解一下天气信息，再调查一下本地的天气情况。

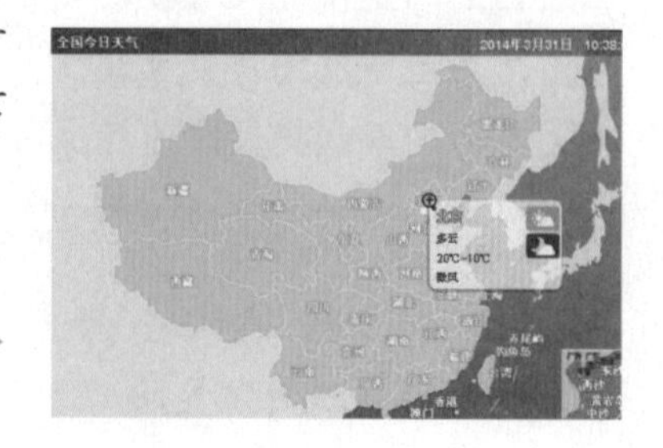

通过图片上的符号可以了解到全国主要城市目前的天气情况。

地区天气预报（本地天气）

提供今天（3月31日）的天气情况。

提供固定时间段的天气情况。

用符号表示天气信息，天气随时间的变化一目了然。

可以知道气温随时间的变化。

气温（℃）

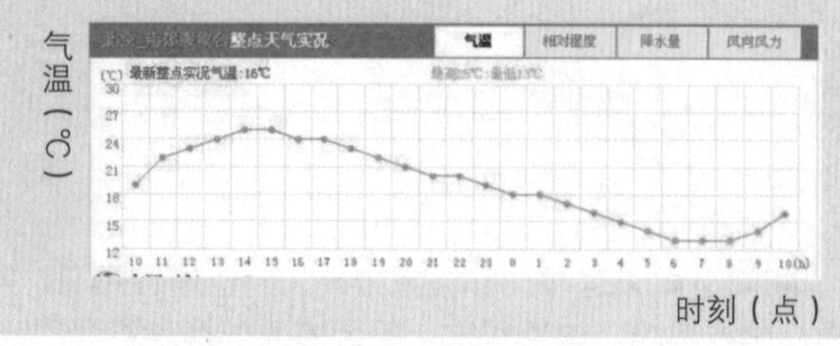

时刻（点）

提供最近一个星期的天气信息。

▶ 北京星期二多云，星期三多云转阴，从星期四开始到星期六预计晴天。

地区天气预报

2014年3月31日 星期一 农历三月初一

北京(Beijing)

当前实况 09:4

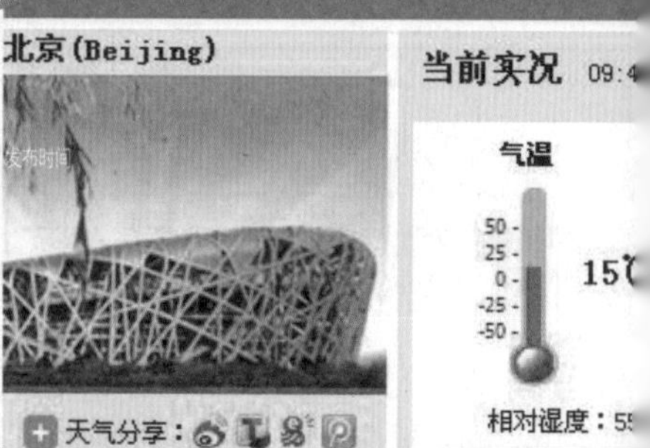

逐6小时天气预报 （2014-03-31 08:00发布）

31日08:00-14:00

多云

19 ℃~ 14 ℃

北风 微风

31日14:00-20:00

多云

20 ℃~ 16 ℃

南风 微风

一周预报

日期		天气现象
1日 星期二	白天	多云
	夜间	多云
2日 星期三	白天	多云
	夜间	阴
3日 星期四	白天	阴
	夜间	晴
4日 星期五	白天	晴
	夜间	晴
5日 星期六	白天	晴
	夜间	晴

科学家的眼睛

生活气象指数

生活气象指数是表示气温、湿度等天气因素对我们生活产生影响的指数。气象指数与气温、湿度和风力等气象因素有关，包括人们对天气感到愉快程度的愉快指数，因气温和湿度而导致食物腐败的腐败指数，预测暴露在阳光下的危险程度的紫外线指数等。除此之外还有外出指数、运动指数、洗车指数、洗衣服指数和食物中毒指数等各种各样的生活气象指数，告知我们天气与日常生活的关联指数。

洗衣服指数：90
厚衣服洗完容易晾干。

外出指数：60
没有太大的不方便。

运动指数：30
在室内进行简单的运动。

洗车指数：100
洗车效果持久。

雨伞指数：0
不需要带伞也不用担心。

睡眠指数：20
不需要开暖气。

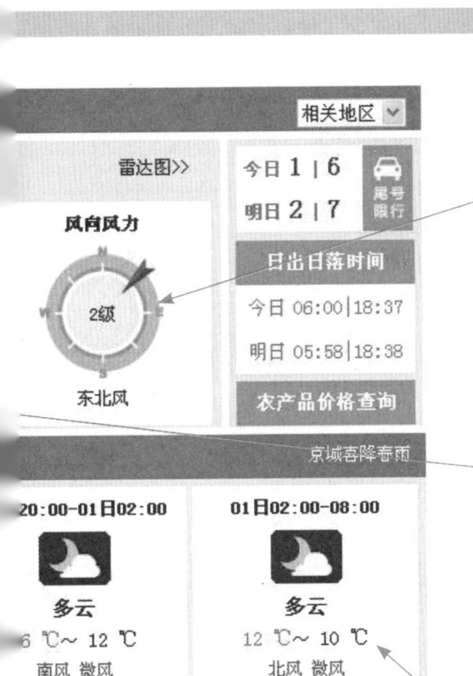

风向和风速表示风的方向和强度。
▶ **今天风向为东北风，风力为二级。**

湿度是指空气中水蒸气的含量。用0%～100%进行标记，数字越高就表示空气中水蒸气的含量越大。

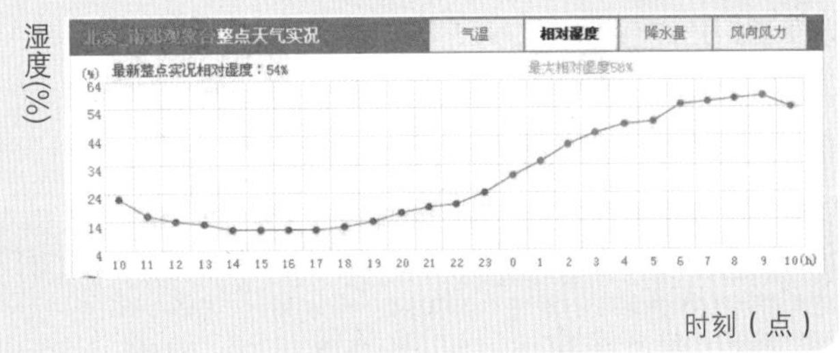

表示全天的最高温度和最低温度。
▶ **20℃～16℃：明天（4月1日）全天最高温度为20℃，最低温度为16℃。**

风向	风力
无持续风向	微风
无持续风向	微风
无持续风向	微风
无持续风向	微风
北风	3-4级
北风	3-4级
无持续风向	微风
无持续风向	微风
无持续风向	微风
无持续风向	微风

※ 一周预报可信度：针对第二天发布的一周预报的可信度（高、普通、低）

通过调查得知的结论 我们可以通过报纸、网络、广播、电视节目或者电话等途径提前了解天气情况。另外，通过天气预报可以提前知晓各地的气温、降水量、风向、风速、湿度等，当天和接下来几天的天气情况。

天气变化对日常生活的影响

准备材料 与天气有关的图片资料

我们平时穿什么衣服都是由天气决定的。炎热的夏天穿的都是亮色调的短袖、短裤之类凉快的衣服，寒冷的冬天穿的大多是暗色调的保暖的衣服。而且天气好农作物才能长得好，天气太热或者太冷都会影响农作物的生长。总而言之，天气对我们的日常生活有着很深远的影响。下面我们就来了解一下天气和日常生活的关系，并寻找一些日常生活中利用天气的例子。

天气对日常生活的影响

酷暑

如果连续两天白天温度维持在32℃以上的话，容易发生皮肤炎症、日晒病等与酷暑有关的疾病。

洪水

江水泛滥，建筑物和农作物都浸泡在洪水中造成人们的经济损失。需要用堤坝、水坝、水库来进行防范。

台风

强风会吹倒农作物，路上的招牌、大树也会被风刮倒，严重时甚至会危及人命。需要用防风墙和防波堤来进行防范。

暴雪

塑料大棚倒塌，妨碍农作物的生长，道路交通也会因为暴雪而发生危险。

干旱

农作物因为缺水而枯死，江河或水库会因为蓄水量不足而出现饮用水短缺的现象。需要用堤坝来进行防范。

黄沙

容易引发器官和皮肤疾病，同时黄沙阻挡了阳光，还会影响农作物的生长。

人类利用天气的例子

- **刮风天气**：享受冲浪运动、跳伞运动等。
- **下雪天气**：享受滑雪、雪橇、滑雪板等。
- **下雨天气**：雨伞、雨衣、雨鞋等商品销量上升。
- **晴朗天气**：适宜郊游、登山、串门等，还可以举办运动会、野外展示会、室外婚礼等活动。
- **炎热天气**：电风扇、空调、冰激凌、玩水用品等商品销量上升，可以玩水或享受漂流等活动。
- **寒冷天气**：暖炉、取暖器、围巾、手套等商品销量上升，可以享受攀登冰山、冰上垂钓以及室外滑冰等活动。

通过调查得知的结论 天气与我们的日常生活密切相关，提前了解天气情况不仅可以预防飞机、船舶和汽车的安全事故，还可以对体育活动和演出活动的举办起到一定的帮助作用。另外恶劣的天气可能会对人类的生命和财产造成损害，影响农作物的正常生长，因此我们应该努力预测天气，减少因天气而造成的不利影响。

与天气有关的谚语

在与天气有关的谚语中有许多是人类的祖先以自身经验而创造出来的。下面我们就通过与天气有关的谚语来感受一下人类祖先的智慧吧。

厕所或下水道的味道特别臭的话就是要下雨了。

气压比周围低的状态称为低气压。这时类似氨气之类的挥发性物质会变得更加活跃。低气压的天气或者下雨的天气因为天空云量较多，照射到地表的太阳光比较少，平时不太会散发至地面的气味开始在地表扩散开来，所以人们才会说厕所味道变臭的时候就是要下雨了。

如果钟声听起来格外清楚就是要下雨了。

晴朗天气时自然是万里无云，地面因此受到了充足的光照所以很暖和。并且由于底层的空气较热，上层的空气较冷，空气间的密度差加大。而空气间的密度差较大时，声音是传不远的。相反要下雨的时候天空云层较厚，地面受到的光照不多，所以空气上下层的密度差距也会变小。这种时候声音在空气中可以径直地进行传播，因此听到的钟声也格外的清晰。

月晕褪掉的话就是要下雨了。

在高6km～13km的卷层云中比较容易出现月晕。环形的月晕是由卷层云中的小冰块折射月光形成的。而当天空整个被卷层云覆盖的时候表示这里是暖锋，随后云层高度较低的中层云和下层云逐渐向卷层云靠近，就说明马上要下雨了。

月晕

下霜多的话表示天气好。

尤其是天空没有云的晴朗夜晚，热量会向四面八方释放，发生严重的冷却。这时地面迅速降温，地表附近空气中的水蒸气突然冷却凝华为霜。这种时候白天天气通常都是晴朗的。

*升华/凝华：在物质状态变化过程中，固体不经由液体状态直接变化为气体的过程称为升华，或者气体直接变成固体的过程称为凝华。

霜

地层

地层是如何形成的？为什么地层都是不一样的呢？

55 观察 沉积物层层堆积形成了地层

准备材料 放大镜、岩石锤、安全装备

沉积物通常在大海或江河的底部与地平面平行的面上一层一层地堆积。像这样由泥土、沙子和石头等沉积物一层一层堆积凝结而成的层就称为**地层**。没有分层或者仅由一块完整的岩石组成的不能称为地层。沉积物会随着时间的流逝而变得越来越坚硬，最终固化成岩石。岩石一层一层地堆积，就形成了现在地层的模样。也就是说地层的形成经历了非常漫长的时间。下面我们就来观察一下地层整体的样子以及地层的岩石标本。

地层

◀ 地层整体是由一块巨大的岩石组成的，从这块岩石上可以看到沉积物一层一层堆积起来的样子。地层里的每一层颜色都不太一样，其中小石块的种类也各不相同。

地层岩石标本

◀ 手感粗糙，可以看到岩石标本里混杂着许多小石块和沙子。

通过观察得知的结论 地层是由沉积物一层一层堆积起来的。地层里每一层石块的大小和颜色各不相同。我们也可以通过从地层上采集的岩石标本，利用标本来进行观察。在采集标本的时候需要穿戴好安全装备防范事故的发生。从地层上采集的岩石标本的颜色、触感和石块大小也是各不相同的。

科学家的眼睛

可以看到地层的地方

山峰一侧断裂处的地层

大海一侧悬崖上的地层

在山上开拓出高速公路，高速路边的地层

56 实验 制作三明治地层模型

将层层叠加的地层放大来看，会觉得像极了我们堆在书桌上的书，或者我们经常吃的三明治面包。让我们来尝试用面包制作一个地层模型，并且了解一下地层上纹理产生的原因和地层形成的顺序。

准备材料 各种颜色的吐司面包、芝士片、盘子、塑料刀

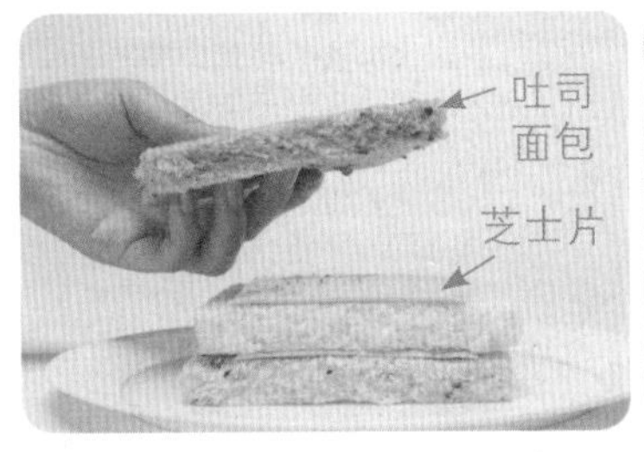

① 把吐司面包和芝士片间隔着叠放在一起。

② 将叠放好的吐司面包和芝士片放到盘子上，用塑料刀切开。

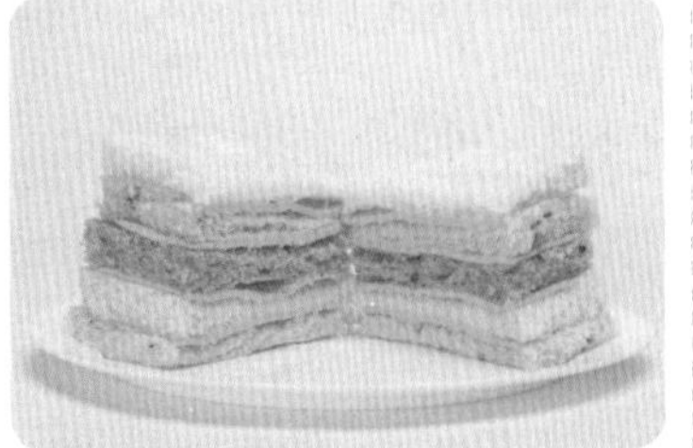

③ 观察切开的面包断面，并与真实地层进行比较。

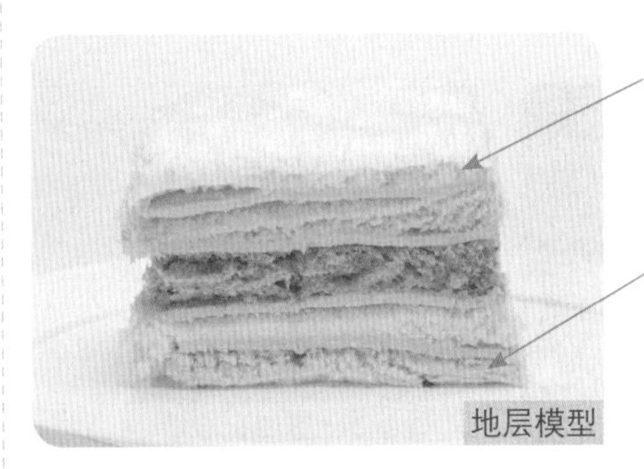

▲ 地层模型和真实地层都是一层一层叠加起来的，因此从侧面都可以看到叠加后形成的纹理。正如地层模型中最先叠放上去的面包位于最底端一般，真实地层中的最底层的地层也是最先堆积起来的。

通过实验得知的结论 地层是由沉积物一层一层叠加形成的。以这样的方式堆积出来的地层上可以看到平行的纹理，这种纹理被称为**层理**。在地层模型和真实地层中都可以看到层理，而且最底层的地层是最先堆积起来的，最上层的地层是最后堆积上去的。

科学家的眼睛

地层上的纹理，层理

大家在制作地层模型的实验中也已经看到了，地层之间的纹理被称为**层理**。层理大多是在海底或湖底时期形成的。沉积物堆积的海底或湖底大多是水平的，沉积物在这样的平面上一层层堆积就形成了厚厚的地层，而地层之间也因此而出现了彼此平行的纹理。

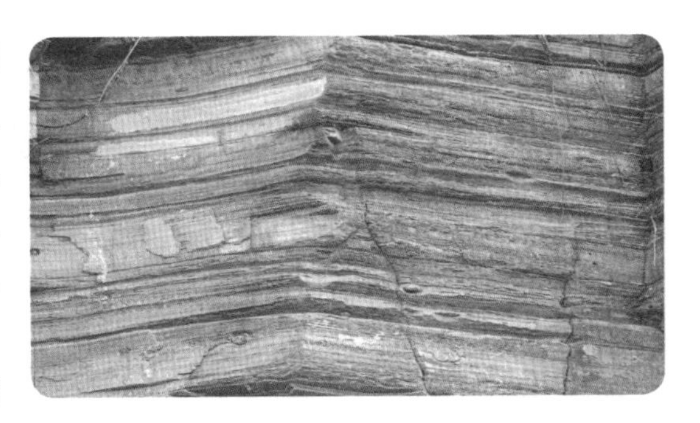

层理形成的主要原因是沉积物的种类、颜色以及沉积物中掺杂的石块大小各不相同。

57 观察 七横八竖的地层是如何形成的

地层在形成的过程中是从下往上水平堆积起来的。但是实际情况中，地层真的都是水平堆积起来的吗？下面我们来观察各种形状的地层，并了解一下这些地层的特征。

准备材料 各种形状的地层图片

▲ 水平的地层
最常见的平行堆积出来的地层。

▲ 垂直的地层
水平的地层垂直伫立起来的样子。

▲ 断裂的地层
断开的地层一侧下沉或者耸起的样子。

▲ 倾斜的地层
平行的地层向一侧倾斜的样子。

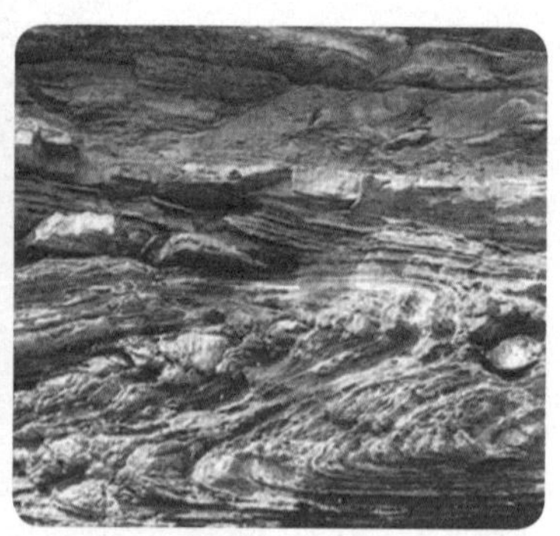

▲ 弯曲的地层
平行的地层中间部分向上耸起导致地层弯曲的样子。

通过观察得知的结论 地层的种类有水平的地层、垂直的地层、断裂的地层、倾斜的地层和弯曲的地层等。

科学家的眼睛

地层或岩石图片中出现的硬币和锤子是做什么用的

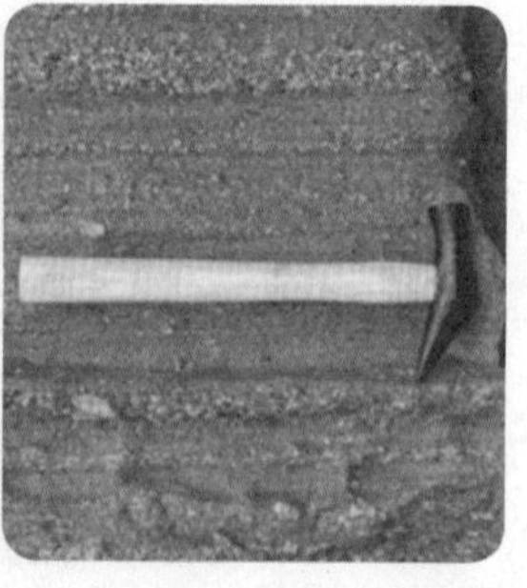

在观察地层或岩石图片的时候经常会看到照片里出现硬币、铅笔、岩石锤或者人物。这些照片是凑巧拍下来的吗？当然不是了，这样拍照的原因是为了让看的人能够一眼看出地层或岩石的颜色和大小。

把我们日常生活中最常见的物品，例如硬币和铅笔等放在岩石的旁边拍照，这样人们一眼就可以看出岩石的大小、长度和颜色。而且即使图片的颜色发生改变，图片中的硬币颜色也会同时发生改变，这样就可以参考硬币的颜色推测出岩石本来的颜色啦。

58 实验 用橡皮泥制作地层模型

在观察完各种不同类型的地层之后，下面我们就来动手制作一下这些地层吧。

准备材料 各种颜色的橡皮泥、两块橡皮泥板

制作水平的地层

① 把不同颜色的橡皮泥间隔着叠放在橡皮泥板上。

② 在叠放好的橡皮泥块上盖上另一块橡皮泥板，轻轻地把橡皮泥块压结实。

结果

▲ 和真正的地层一样可以看到平行的纹理（层理），每一层的颜色和厚度也各不相同。层与层之间的空间看起来很窄，原因是层的厚度在按压的时候被缩短了。

制作弯曲的地层

① 在制作好的“水平地层”两侧竖起两块橡皮泥板。

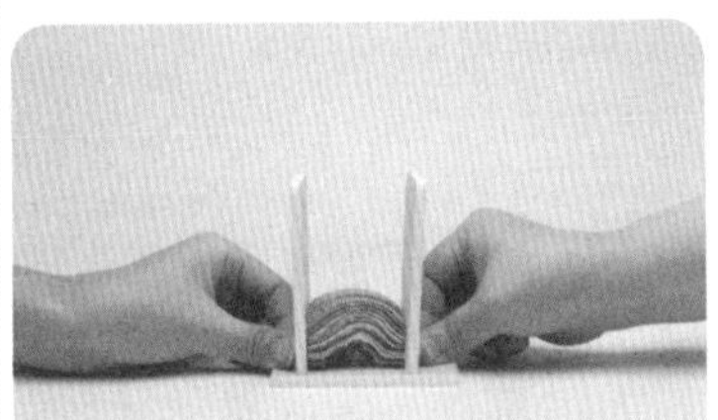

② 把双手抵在橡皮泥板上，双手同时向中间用力挤压。

结果

▲ 和真正的地层一样，可以看到中间的地层向上耸起弯曲的样子。因此我们可以推断出真正的弯曲地层也是由于两侧被施加了力量而弯曲的。而且施加的力量越大，弯曲得也就越厉害。

制作垂直的地层

① 在制作好的“弯曲地层”两侧施加更大的力量往中间推。

结果

▲ 我们看到了和真正的地层一样垂直伫立起来的样子。因此我们可以推断出垂直地层是被施加了极大的力量而伫立起来的。

注意 日常生活中可以找到很多东西来代替彩色橡皮泥，例如彩色画纸或者比较厚的书本。试着把彩色画纸一张张叠放起来，然后从两边用力推推看。这时彩色画纸也会变成地层的模样。还可以把厚书本的每一页纸张看作是地层来做这个实验。

通过实验得知的结论 平行叠放起来的橡皮泥从上面施加力量，层与层之间的厚度就会发生改变，施加的力量越大地层就会变得越薄，层理也因此变得更加明显，层与层之间的间距也会被缩短。

在平行地层的两侧施加力量，地层会变得弯曲。如果力量达到一定程度，地层就会垂直伫立起来。

沉积岩

一层一层叠加起来的地层和里面的岩石都是什么样子的？它们是经过怎样的过程形成的？

59 观察 了解观察沉积岩的方法

巨大的岩石或地层会因为受到水或风的影响而粉碎，这个过程被称为**风化**。而这些在风化过程中粉碎的岩石颗粒堆积在一起就形成了**沉积物**。沉积物长时间堆积在一起就固化成了坚硬的岩石，在这个过程中形成的岩石称为**沉积岩**。为了了解各种沉积岩的特征，我们先来学习一下观察沉积岩的方法。

准备材料 各种沉积岩标本、放大镜、稀盐酸、玻璃滴管、培养皿、纸笔、安全设备

① 观察岩石的颜色和整体的形状以及特征。

② 用放大镜观察颗粒的大小。

③ 用手触摸岩石的表面，感受岩石的触感。

④ 对岩石施加外力，观察岩石的裂缝。

⑤ 用玻璃滴管吸取稀盐酸滴在岩石上。

▲ 如果在石灰岩上滴上稀盐酸的话，岩石表面会出现泡沫。

通过观察得知的结论 在观察岩石的时候需要动用我们所有的感官来进行观察。不同种类的岩石具备的特征也不同，因此我们要留心观察岩石的颜色、岩石上颗粒的大小以及岩石的触感等。

在观察岩石的过程中，如果用到岩石锤或者稀盐酸等需要格外注意的工具时，务必要在老师的指导下进行操作。

了解沉积岩的名称与特征

熟悉了观察岩石的方法之后，下面我们就来观察几种沉积岩，了解它们的名称和各自的特征。

准备材料 泥岩、页岩、砂岩、砾岩、石灰岩、放大镜、稀盐酸、玻璃滴管、培养皿、岩石锤、安全设备

分类	泥岩	页岩	砂岩	砾岩	石灰岩
颜色	淡黄色	深灰色	灰色	深土黄色	浅灰色、黑色等
触感	光滑	光滑	略微粗糙	略微粗糙	光滑
颗粒的大小	非常小，用肉眼几乎看不见。	非常小，用肉眼几乎看不见。	大约沙粒的大小。	有珠子大小的石块镶嵌在里面。	非常小，用肉眼几乎看不见。
其他特征	施加冲击力的话会整块地裂开。	施加冲击力的话会朝一个方向裂开，内部有层理（纹理）。	施加冲击力的话会整块地裂开。	施加冲击力的话会有小石块掉下来。	滴上稀盐酸会出现泡沫（二氧化碳）。

通过观察得知的结论 因为风或水的作用风化掉的岩石颗粒称为沉积物，由沉积物堆积固化而成的岩石就称为沉积岩。沉积岩又分为由泥土固化而成的泥岩，由颗粒极小的黏土固化而成的页岩，由沙子固化而成的砂岩，由沙子和小石块固化而成的砾岩以及由石灰质成分（贝类或海螺外壳等）固化而成的石灰岩。岩石的颜色随颗粒的颜色而变化。即使是相同的泥岩也有不同的颜色。而且沉积岩拥有特殊的层理（纹理），其中页岩的层理最明显也最常见。

科学家的眼睛

在岩石上滴稀盐酸的原因

含有石灰质成分的岩石会与稀盐酸发生反应产生泡沫。这个泡沫的成分是二氧化碳，能与稀盐酸发生反应的岩石就表示其中含有石灰岩。石灰岩是由生活在水中的贝类或海螺的外壳堆积形成的，在自然状态下想要把石灰岩从其他沉积岩中区分出来是非常困难的。但是其他沉积岩不会与稀盐酸发生化学反应，因此我们就可以利用稀盐酸来区分石灰岩。而现实生活中地质学家们也确实是随身携带稀盐酸，用于鉴别岩石中是否含有石灰质成分。

▲ 石灰岩是由贝类或海螺的外壳堆积固化而成的。

制作沉积岩模型

参照在观察沉积岩标本时学习到的沉积岩特征，下面我们就来动手制作一个沉积岩的模型。通过这个实验来了解一下沉积岩是如何形成的，制作完成后再与真实的沉积岩进行比较。

准备材料 沙子、小石子、胶水、塑料瓶、剪刀

① 把塑料瓶从中间剪开做成一个杯子的形状。

② 在塑料瓶里放入石块和沙子。

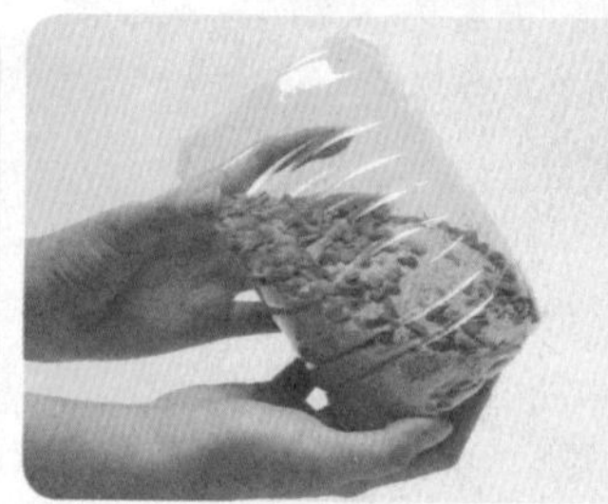

③ 晃动塑料瓶使石块和沙子充分混合。

④ 倒入胶水并使其充分渗入石块和沙子之间的缝隙。

▲ 加入胶水的原因是为了让颗粒大小不同的石块和沙子可以紧密地贴合在一起。真正的地层中是由地下水渗入沉积物之间，使沉积物之间贴合得更加紧密。地下水和胶水一样含有能够使物体紧密贴合的物质。

⑤ 用手按压石块和沙子的混合体。

▲ 用手按压石块和沙子的原因是为了缩小沉积物中颗粒之间的缝隙。即所谓的胶结作用。真正的地层也是由其他施加在沉积物上的外力而形成的。

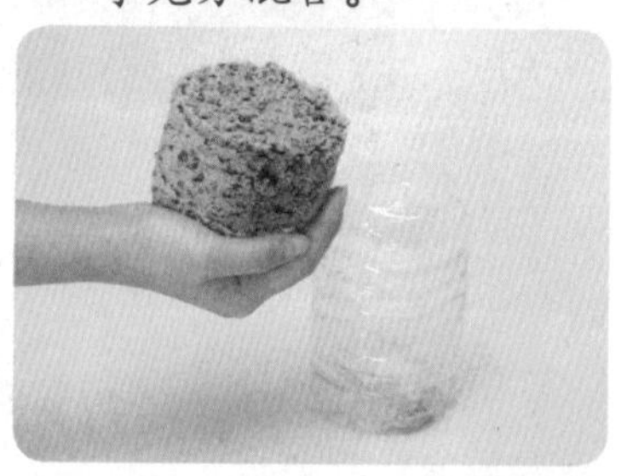

⑥ 静置1～2天，然后取出沉积岩模型进行观察。

▲ 静置1～2天的原因是胶水凝固需要时间。真正的地层中，沉积物从开始固化到最终成为岩石，最少需要1万年的漫长时间。

模型沉积岩和真正的沉积岩

模型沉积岩

真正的沉积岩

◀ 实验制作的模型沉积岩和真正的沉积岩外形相似。但是颜色不同，真正的沉积岩更加坚硬，而且里面含有的颗粒种类也更丰富。

通过实验得知的结论 虽然实验制作的模型沉积岩和真正的沉积岩外形相似，但是岩石颜色、颗粒类型以及坚硬程度还有所差别。真正的沉积岩更加坚硬，里面含有的颗粒种类也更丰富。而且模型沉积岩只需花两天的时间就可以制作出来，而真正的沉积岩则需要经历相当漫长的岁月才能够成形。

了解沉积岩

沉积岩是指由沉积物一层层堆积固化形成的，从地层中掉落出来的岩石。我们所生活的地球，约75%的地表是由沉积岩构成的。

沉积岩由于是沉积物堆积而成的因此可能存在纹理。当然并不是说所有的沉积岩都有纹理，也不是只有沉积岩才会有纹理。因为各种外力或热的影响而变质的岩石也可能会带有纹理。变质岩的片理或片麻状结构就属于这一类纹理。

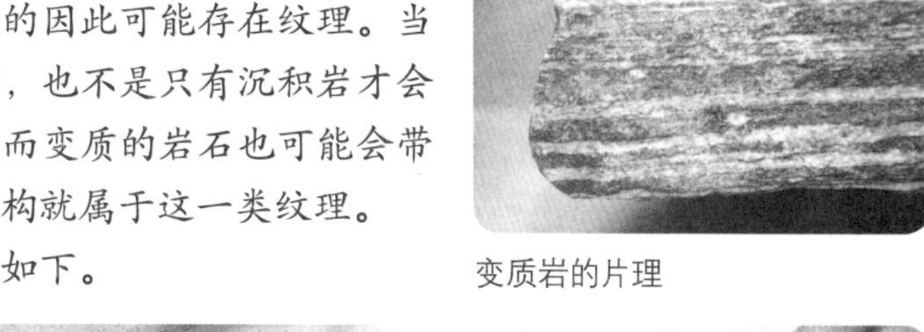

变质岩的片理

现实中沉积岩的形成过程描述如下。

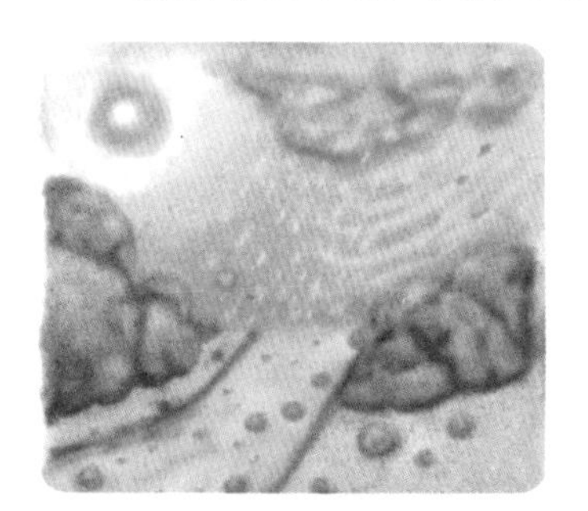

① 阳光、雨、风、地下水等外界因素都会使岩石风化变成沙子、泥土、小石块。

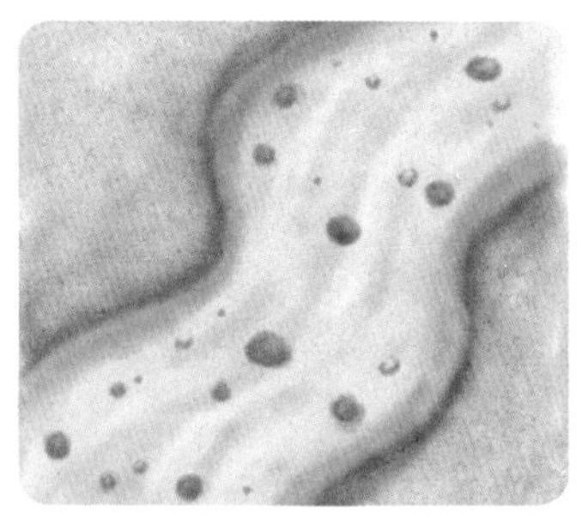

② 这些沙子、泥土和小石块随流水移动。

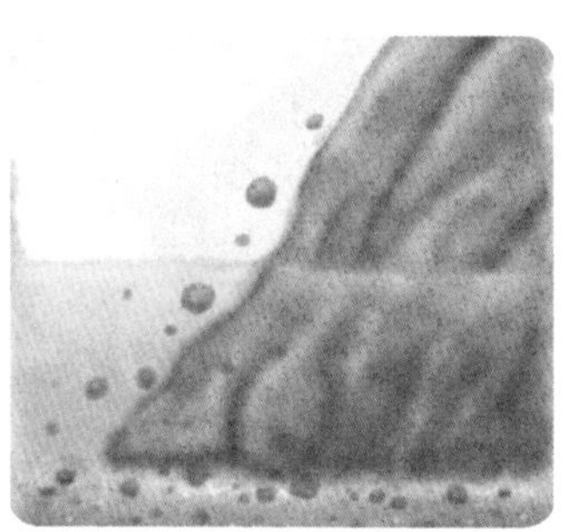

③ 被夹带走的泥土沉入江河或大海里，在底层堆积起来。

④ 先堆积起来的沉积物被后来的沉积物压住，变得越来越坚固。

⑤ 经过很长一段时间之后，沉积物固化就变成了沉积岩。

由盐构成的山

真的有盐构成的山吗？根据历史书上记载，在一个名为高山国（日本古代对中国台湾地区的称呼）的地方有过盐山，当时那里的盐是黑色的，因此也称为黑盐。盐曾经一度被称为小金块，可见当时盐的宝贵。然而如此稀有的盐竟然不是在海边而是在山上看到的，那该是多么神奇的事情啊。而且这一整座山全部都是由盐构成的。一般的沉积岩是由沉积物堆积固化而成的，而盐山则是由盐成分堆积形成的沉积地层。盐分地层又称为“岩盐”，即由盐构成的岩石的意思。如果用舌头去舔岩盐的话会尝到咸味。

岩盐

化石

什么是化石？我们看到的化石中都有哪些生物，这些生物又是如何变成化石的？

62 观察 区分化石和非化石

保存有过去生存过的生物遗体或痕迹的岩石或地层就称为化石。人们可以通过化石了解在过去生活过的各种生物。但是同样是在岩石或地层中发现的陶器或鞋印等就不能称为化石了。下面我们就来了解一下什么是化石。

准备材料 动物化石和植物化石的标本、放大镜

过去生存过的生物的遗体或痕迹是否残留在岩石或地层中？

是

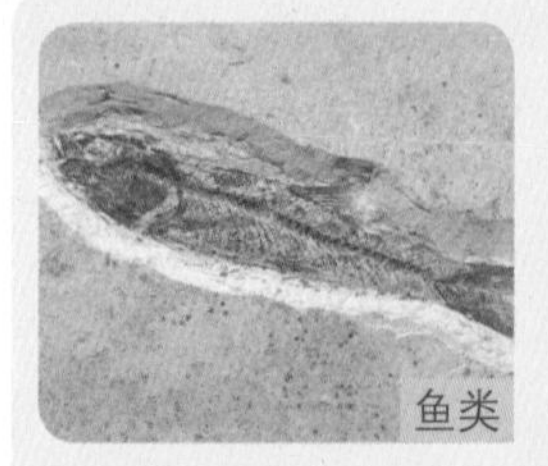
鱼类

蕨类

三叶虫

枫树叶

不是

黏土上的鞋印

墓支石

陶器

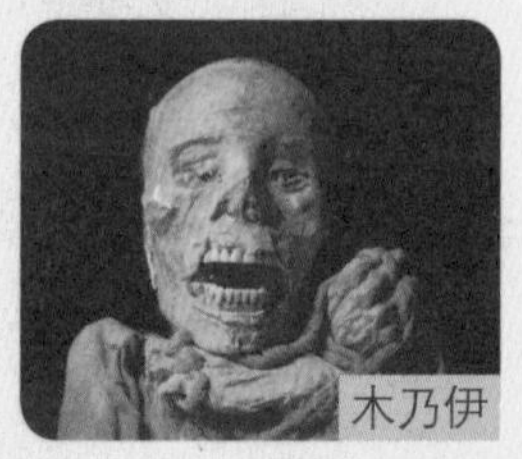
木乃伊

通过观察得知的结论 所谓**化石**是指在过去生存过的生物的遗体或痕迹留在了岩石或地层中。即过去生活过的动物或植物死后原原本本地保留在了岩石（沉积岩）中。因此古代的文物或人类的脚印不能算是化石。

科学家的**眼睛**

琥珀化石

化石中的“石”字指的就是我们常说的石头。因此大家很容易误以为只有石头才能够称为化石，但是也有不是石头的化石。松树的茎秆摸起来是不是黏黏的，那是因为上面有一种名为松脂的树液。由这种树液固化而形成的岩石称为琥珀，被困在这种琥珀岩石中的昆虫遗体也称为化石。

区分动物化石和植物化石

变成化石的生物，生前是什么样子的呢？化石中的三叶虫和现在的鼠妇，化石中的蕨类和现在的蕨菜看似不同，但是仔细观察也会发现相似的地方。因此虽然三叶虫已经灭绝，如今不可能再见到，但是我们还是可以通过鼠妇推测出三叶虫生前的样子。

因此人们在区分化石是动物化石还是植物化石的时候，就是参照化石中的生物是否与现存的动物或植物存在相似之处来判断的。下面我们就来学习一下如何区分动物化石和植物化石。

过去的三叶虫化石

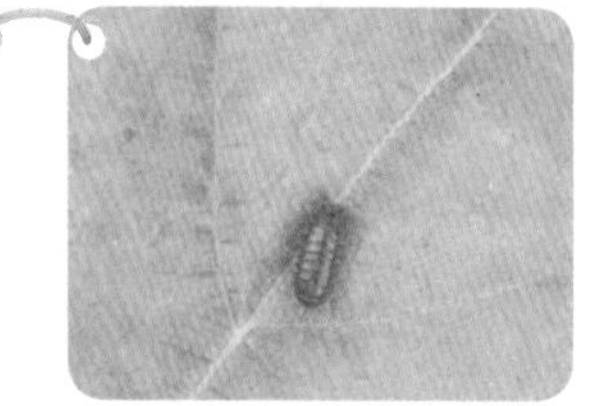
现在的鼠妇

过去的蕨类化石

现在的蕨菜

化石

动物化石

鱼类

三叶虫

菊石

鲨鱼牙齿

植物化石

树叶

树木果实

枫树叶

蕨类

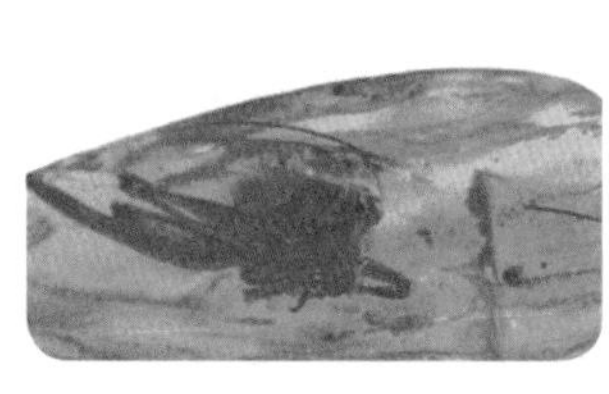

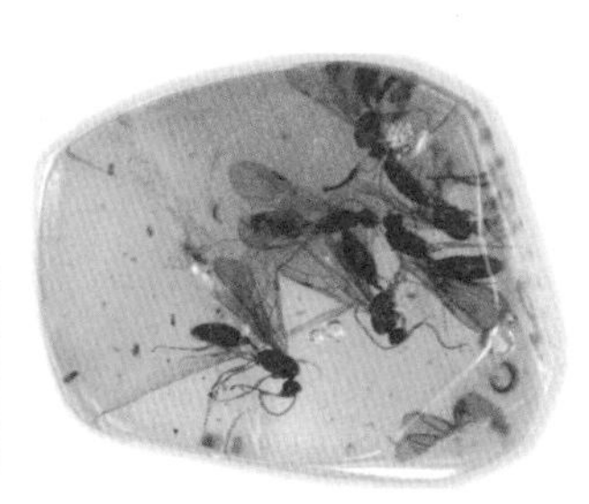

困在琥珀中的昆虫化石

通过观察得知的结论 在动物化石中既可以看到像三叶虫和菊石这种完整的动物遗体，也有鲨鱼牙齿、骨骼等动物的部分遗体。

在植物化石中可以看到蕨类植物、枫树叶、松球等叶、茎、果实，即植物的特征。

了解化石的形成过程

化石多出现在沉积岩中。在过去生活过的动物或植物，越早被埋进沉积物中的话就越有可能成为化石。下面我们就来了解一下从化石生成到被人类发现都经历了哪些过程吧。

① 生活在海洋中的生物死后沉入海底。

② 生物遗体上面不断堆积起泥土之类的沉积物，时间一长就固化了。

③ 沉积层因地壳变化而浮现了出来。

④ 地层受到侵蚀，化石裸露了出来。

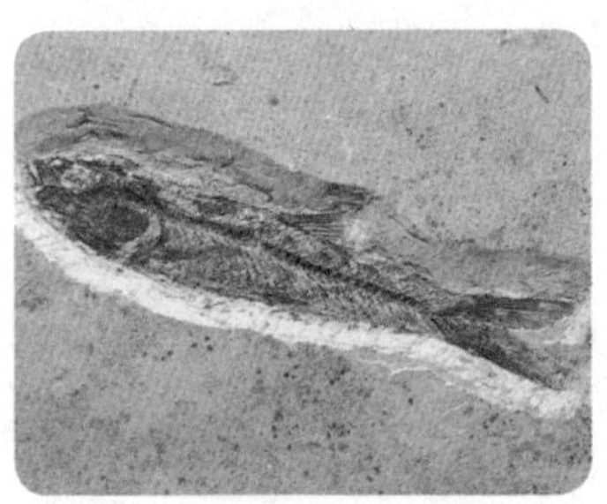

▲ 发现海洋鱼类化石的地方可以推测在过去这里是一片汪洋。

通过调查得知的结论 生物体死后被埋进地下，因为各种矿物学和化学作用而变成化石。这些能够使生物遗体、遗迹变成化石的作用被称为**化石化作用**。

化石化作用是指矿物质深入生物遗体，挥发性物质逐渐消失，最后只剩下碳素成分，形成化石的作用。

从恐龙留下脚印到形成化石

恐龙骨化石又称为**骨骼化石**。骨骼化石需要在突然遭遇暴风或陨石冲击地球等大型自然灾害时，整只恐龙瞬间被埋起来才有可能完整地保留下来。

另外，由恐龙脚印形成的化石则称为**遗迹化石**。遗迹化石的形成恰好与骨骼化石的形成过程相反，遗迹在出现之后需要长时间维持原状才有可能被保留下来。即遗迹化石需要在没有地震、洪水、台风等自然灾害的安全的地方才可能形成。

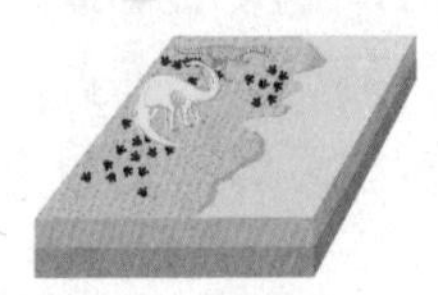

① 恐龙们在湖边的泥滩或沙地里留下了脚印。

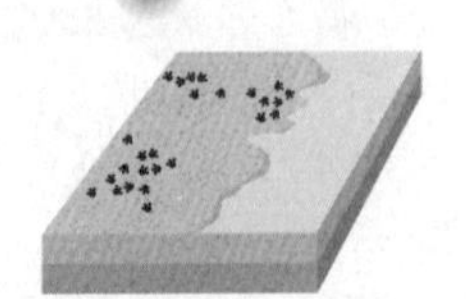

② 这些脚印长期暴露在空气中已经有了一定程度的固化。

③ 留有脚印的沉积物又被覆盖上了其他的沉积物变成了坚硬的岩石，脚印也因此而变得坚硬。

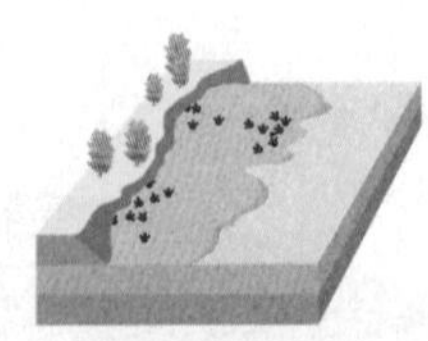

④ 地层上移受到侵蚀之后，足迹化石重新显露在地面上。

制作属于我们自己的化石

利用黏土制作一块属于我们自己的化石，再现化石形成的全过程。

准备材料 黏土块、树叶、食用油

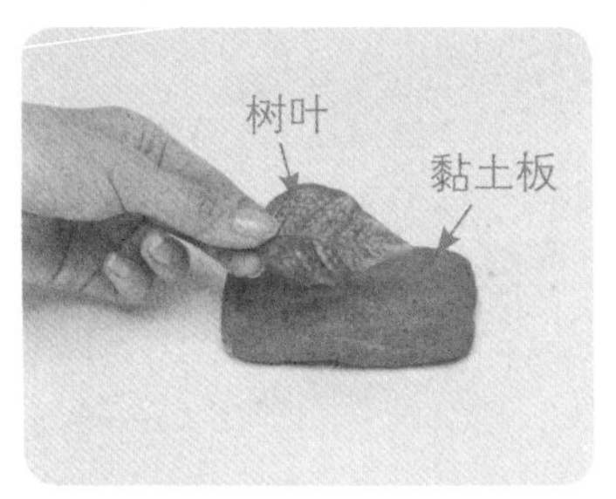

① 把黏土块捏成板状，涂上食用油之后把树叶放在黏土板上。

② 取另外一块黏土板压在树叶上面，用手轻轻地按压。

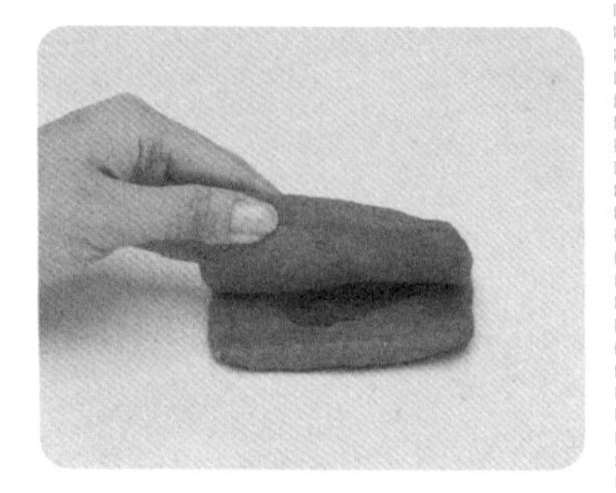

③ 把上面的黏土板和树叶小心地揭下来。

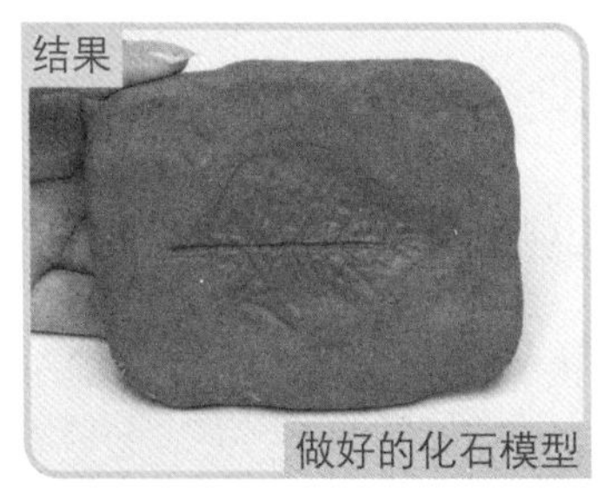

做好的化石模型

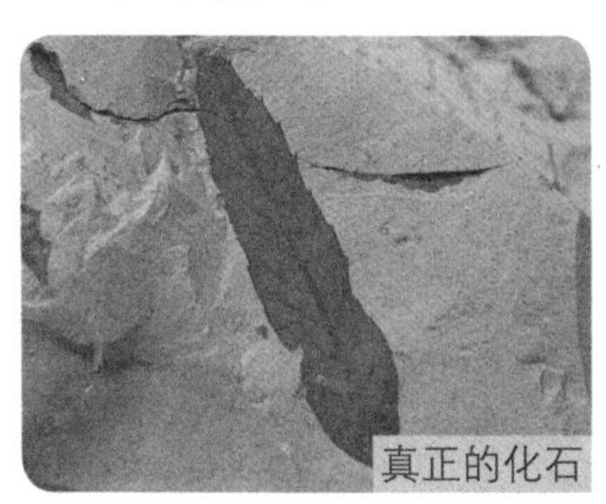

真正的化石

注意 在黏土板上涂食用油是为了在揭下另一块黏土板和树叶的时候能够更轻松一些。

④ 把印有树叶痕迹的黏土板放在阴凉处风干，拿来和真正的化石做比较。

通过实验得知的结论 对化石模型和真正的化石进行比较会发现，黏土板对应的是地层，树叶代表过去的生物，因此留在黏土板上的树叶痕迹就相当于化石。在制作化石模型的时候，用动物骨骼、贝类外壳或者植物的叶脉等较为坚硬的东西来制作，会更容易留下痕迹。

科学家的**眼睛**

印痕化石和铸型化石的形成过程

地层中的化石在地下水的作用下完全溶解，只留下与化石轮廓相同的凹陷空间，这种情况称为**印痕化石**。另外，生物体因地下水溶解之后，矿物质填补了原来的空间，凝固成与原化石相同形态的岩石，这种情况称为**铸型化石**。印痕化石和铸型化石的形成过程如下所述。

印痕化石

铸型化石

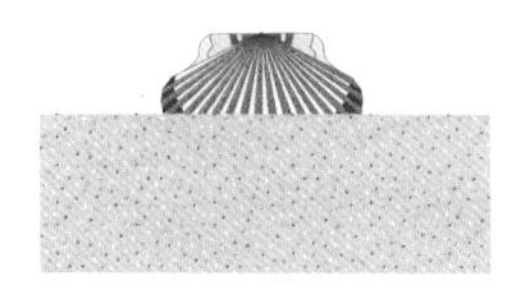

① 生物死后，遗体沉底。

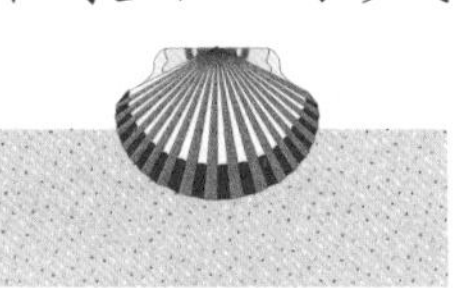

② 遗体的绝大部分陷入泥土中。

③ 生物体消失只留下痕迹。这种情况称为印痕。

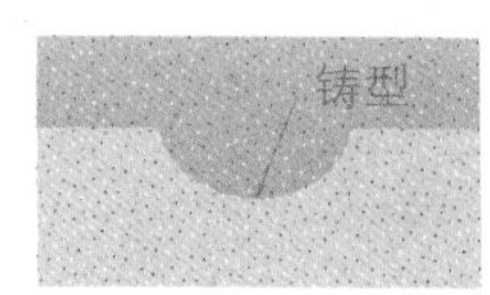

④ 上面压下来的沉积物填充在痕迹里固化成化石。这种情况称为铸型。

66 观察 拼恐龙化石的骨骼

下面的两幅图都是恐龙的骨骼。先来推测一下两幅图分别是哪一种恐龙，然后把骨骼拼起来对照一下，看自己猜得对不对。

准备材料 化石骨骼的拼凑模型

通过观察得知的结论 化石专家们主要是参考现存生物体的体型来复原发掘出来的化石。但像恐龙这种已经灭绝的生物，则依靠恐龙脚印的大小和骨骼的大小推测生物体大概的体型。

科学家的眼睛

恐龙骨骼化石的发掘和展示过程

① 寻找恐龙生存过的时代形成的地层。

② 挖掘恐龙骨骼化石。

③ 为了保护骨骼，用石膏把恐龙骨骼包裹起来。

67 调查 解读化石中的信息

下面我们来了解一下通过化石我们可以获得哪些信息，以及化石都有哪些用途。

准备材料 鱼、恐龙蛋、贝壳、蕨类、纺锤虫化石标本

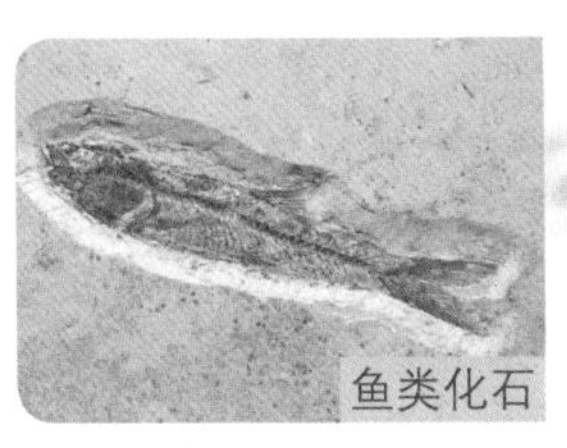

▲ 根据鱼类化石可以推测出当时鱼类的外观。

▲ 根据恐龙蛋化石可以知道恐龙是卵生动物。

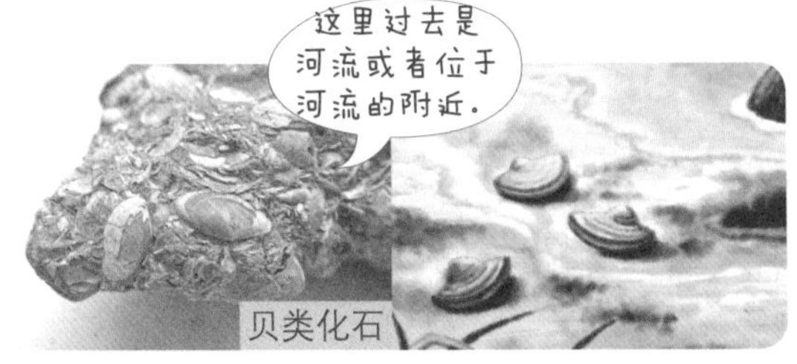

▲ 根据贝类化石可以推测出该地区过去是河流或者位于河流的附近。

▲ 根据蕨类化石可以知道过去那里的气候是温暖且潮湿的。

▲ 石油、天然气和煤炭是由大量的生物体死后堆积起来形成的。因此通过研究化石就可以知道地层形成的时代、当时的环境，以此为依据推测出附近是否有这样的资源。而且现实生活中有纺锤虫化石出土的地层发现煤炭的概率相当高。

通过调查得知的结论 通过对化石的研究可以获取大量的信息。化石不仅可以向人们提供关于远古生物的信息、关于时代和环境的信息，还可以帮助人们探索石油等地下资源的位置。

真正的化石可以在科技馆、化石博物馆和自然历史博物馆里看到。另外，大家还可以利用网络获取更多关于化石的信息。

④ 运送到达之后取下石膏。

⑤ 擦拭恐龙骨骼，使骨骼恢复原来的光泽。

⑥ 把恐龙骨骼拼凑成恐龙的形态进行展示。

不同地方的土壤

适宜植物生长的土壤具备哪些特征？这样的土壤又是如何形成的？

68 观察 比较花坛土壤和运动场土壤

准备材料 放大镜、花坛土壤、运动场土壤

在家里种植物的时候，如果去土壤较多的运动场取土放进花盆里再种上植物幼苗的话，过不了几天植物就枯死了，为什么会发生这种情况呢？

几天后

观察学校周边会发现花坛里的植物生长得都特别旺盛。但是用与花坛里的土壤不同的运动场土壤来培养幼苗的话植物就会枯死，下面我们就来推理一下发生这种情况的原因吧。首先取来花坛的土壤和运动场的土壤，用放大镜仔细观察一下。

花坛的土壤

运动场的土壤

〈花坛土壤和运动场土壤的特征〉

区分	颜色	颗粒大小	颗粒种类	触感	气味	其他
花坛土壤	深色	各不相同。	细砂、沙子、小石头等	松软	略带腥味	可以看到虫子、植物的根等物质。
运动场土壤	浅色	比花坛土壤的颗粒大，而且大小相对而言比较相似。	沙子、非常小的石块等	粗糙	灰尘的味道	—

通过观察得知的结论 土壤通常是由石头、碎石块、沙子和植物的残骸等组成的。花坛土壤和运动场土壤都是常见的土壤，所以大家可能会觉得它们的性质是一样的。但其实这两种土壤不仅颜色不同，颗粒的大小和种类不同，连触感、气味也都是不相同的。

69 实验 了解土壤的排水性

用锥子在2个纸杯的底部钻出5个大小相同的孔，垫上纱布之后分别倒入等量的花坛土壤和运动场土壤。然后在2个杯子里同时倒入等量的水，比较两种土壤的排水性。这个实验从水渗出开始观察，直到最后一滴水滴完才算结束。在实验中要注意除了土壤的种类不同以外，倒水的速度，土壤的量以及纸杯的大小等条件都应该是相同的。

准备材料 花坛土壤、运动场土壤、锥子、2个纸杯、纱布、4个烧杯、支架、环形支架、水

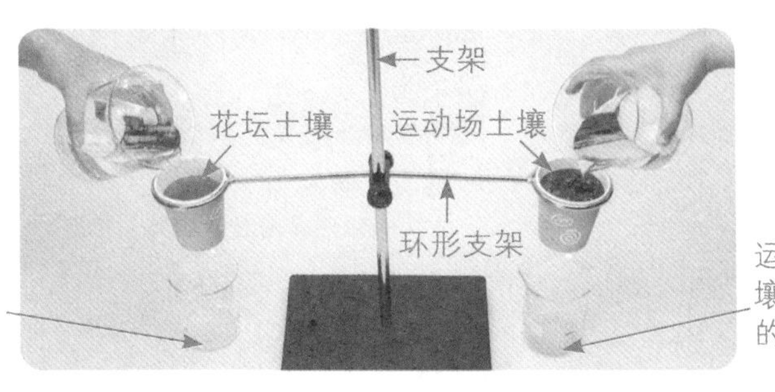

◀ 运动场土壤渗透出的水量比花坛土壤渗透出的水量要多。即运动场土壤的排水性好，而花坛土壤里的水不容易流逝。

通过实验得知的结论 把水倒进花坛土壤里时，水渗出的速度非常慢。换句话来讲就是花坛土壤可以蓄积较多的水分。而植物生长需要从土壤中获取水分和养分，因此植物在花坛土壤中成长得更加健康。同时种在运动场土壤中的植物幼苗容易枯死也是因为排水性的原因。综上所述，当大家准备在花盆里栽培植物的时候应该用花坛里的土壤。

70 实验 了解土壤中腐殖质的量

把等量的花坛土壤和运动场土壤分别装在两个玻璃杯中，往玻璃杯中倒入等量的水，再用玻璃棒搅拌一下，最后把漂浮在水面上的物质捞出来，观察两种土壤中都含有哪些成分。注意此时除了土壤的种类不同以外，玻璃杯大小，水的量以及土壤的量都应该是相同的。

准备材料 花坛土壤、运动场土壤、水、玻璃杯、放大镜、镊子、白纸、玻璃棒

▲ 水很浑浊，在捞出的物质中可以看到树枝的一部分、根的一部分、死去的蚂蚁等大量的腐殖质。

花坛土壤

运动场土壤

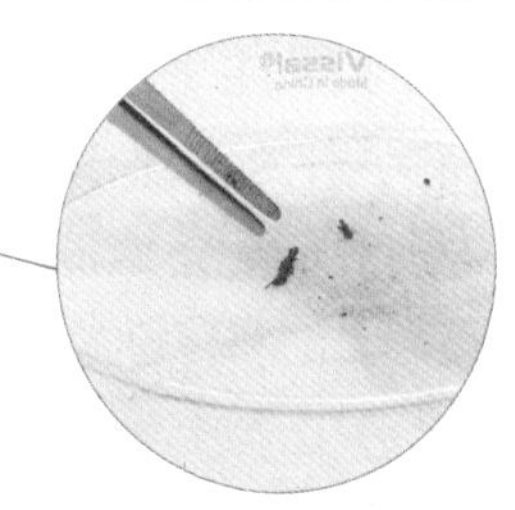

▲ 比花坛土壤的水清澈得多，水面上几乎没有漂浮物。

通过实验得知的结论 装有花坛土壤的杯子里，水面上漂浮着树枝、死蚂蚁、植物的根等来自植物和动物的物质。这些由植物的杂根、小昆虫、**树叶等长期腐烂而形成的物质称为腐殖质**。这些腐殖质对于植物生长而言起到了肥料的作用，在花坛的土壤中比较常见。

石块万年风化变土壤

土壤是如何形成的？利用方块糖模拟石头粉碎变成土壤的过程。

准备材料 方块糖、带盖子的透明罐

① 在透明带盖的容器里放入20颗左右的方块糖，盖好盖子。

▲ **晃动之前**
方块糖依然是有棱有角的。

② 晃动放入方块糖的容器。

▲ **晃动之后**
边缘部分粉碎，方块糖变得圆滑，而掉下来的边角料都变碎成了粉末。

通过实验得知的结论 放在透明桶里的方块糖在晃动的过程中，糖块会和桶壁发生碰撞，糖块之间也会发生碰撞。在这个过程中，方块糖的边角会被撞掉，严重的直接碎成了粉末。石头也和这些方块糖一样是因为碰撞的力量而粉碎变成土壤的。

科学家的**眼睛**

可以溶解在水中的石头——石灰岩

有一种岩石遇水会溶解。如果大家不相信的话，可以找来粉笔在上面滴上食醋试试看。如果真把食醋滴在粉笔上，会看到粉笔冒着气泡溶解掉。有一种名为石灰岩的岩石，它的成分和粉笔是一样的。而空气中的二氧化碳如果溶解在雨水中就会显现出与食醋相同的化学性质，这些雨水渗入地下再遇见石灰岩的话，石灰岩就会被溶解，形成石灰岩洞窟、钟乳石、石笋、石柱等自然景观。

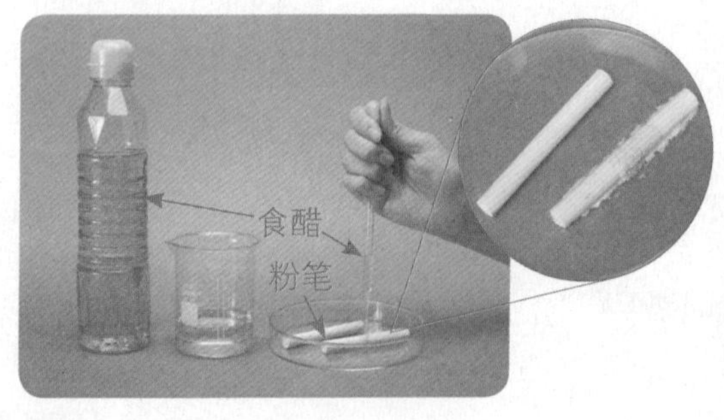

石头溶解形成的洞窟内景（美国新墨西哥州的卡尔斯巴德洞窟）

岩石还会在哪些外力的作用下粉碎成土壤呢？

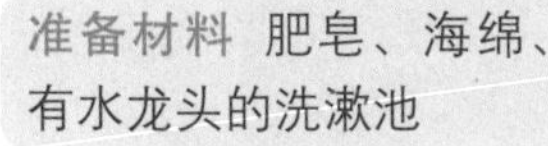

准备材料 肥皂、海绵、有水龙头的洗漱池

肥皂

海绵

① 把海绵放在水龙头的下面，然后把肥皂放在海绵的上面。

② 调节好水量，注意不要让水的流势太大，要让水能够持续滴落在肥皂的中央。然后每间隔5分钟观察一次肥皂的变化。

▲ 5分钟后肥皂的样子
肥皂的中间出现凹陷。

▲ 10分钟后肥皂的样子
肥皂中间的凹陷部分看起来比5分钟前的更加明显。

通过实验得知的结论 水从上往下滴的话就会产生碰撞的力量。雨滴和波涛也是一样的道理，岩石在雨滴或波涛长时间的作用下，最终还是难逃变成土壤的命运。

石块和沙子

岩石在风化作用下粉碎之后，粉碎的石块因大小不同名称也不同。

大石块：300mm

碎石：100mm

砾石：30mm

沙子：1mm

细砂：非常小

黏土

地球和宇宙·地壳

使石头粉碎的其他条件

使岩石或石头粉碎的作用称为**风化**。土壤就是通过风化作用形成的，石头变成土壤需要经历数万年，甚至数百万年的漫长岁月。能够引起风化作用的除了碰撞的外力、雨水和波涛以外，植物的根、江水、冰川和风也会对岩石的风化产生影响。举水的作用为例，水渗入岩石的缝隙间，冬天水结冰体积变大迫使岩石的体积也跟着膨胀，岩石因为膨胀的反作用力而粉碎。而冰川则可以通过截断周围的地面和岩石改变地表。

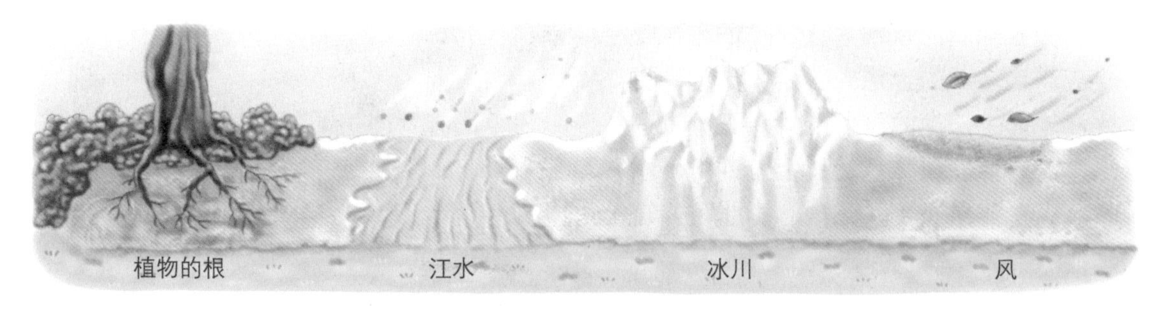

地表的变化

地表是如何发生变化的？地表的变化与流水有什么关系？

72 观察 下雨天的运动场有什么不一样

地表的岩石（石头）因风化作用而粉碎成了小石块。这些粉碎下来的小石块在水、冰和风的作用下向地势较低的湖水、河川、大海移动，最终沉入水底。地表在漫长的岁月里反复经历这样的过程，地表的变化也是因此而产生的。在这个过程中，对地表变化影响最大的要素是水。

雨天运动场在雨水流动的作用下产生的变化就是受到了水流的影响。比较一下晴天时运动场的样子和雨天时运动场的样子，了解运动场的变化是什么原因造成的。

下雨之前的运动场

下雨之后的运动场

下雨之后运动场的样子

▲ 有些地方可以看到积水。

▲ 地面上有水流动过的痕迹。

▲ 雨水和泥土混合在一起变成土黄色。

▲ 颗粒较大的沙粒和石子出现在地表。

通过观察得知的结论 雨后运动场的样子和晴天时运动场的样子是不同的。雨后地面上会出现坑洼和水道，雨水的颜色也会发生变化。而且雨水在流动的时候还会夹带走地面的土壤。收集来天上的雨水和地面上流动的雨水并用滤纸分别进行过滤就会发现，从地面上流动的雨水中可以过滤出泥土和细砂。由此可知流动的水会改变地表的样子。

对天上的雨水进行过滤的时候

对地面上流动的雨水进行过滤的时候

水流对地表产生的变化

下面我们通过流水台实验观察一下流水会给地表带来哪些变化。

准备材料 一些砖块、2个浇水壶、2个流水台、泥土、水

倾斜度不同，流水量相同时

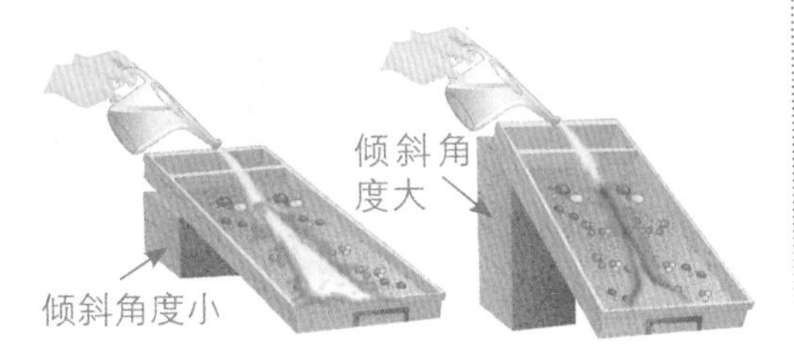

▲ 在两个流水台上放置等量的泥土，将两个流水台设置为不同的倾斜角度，然后同时倒入等量的水。

结果

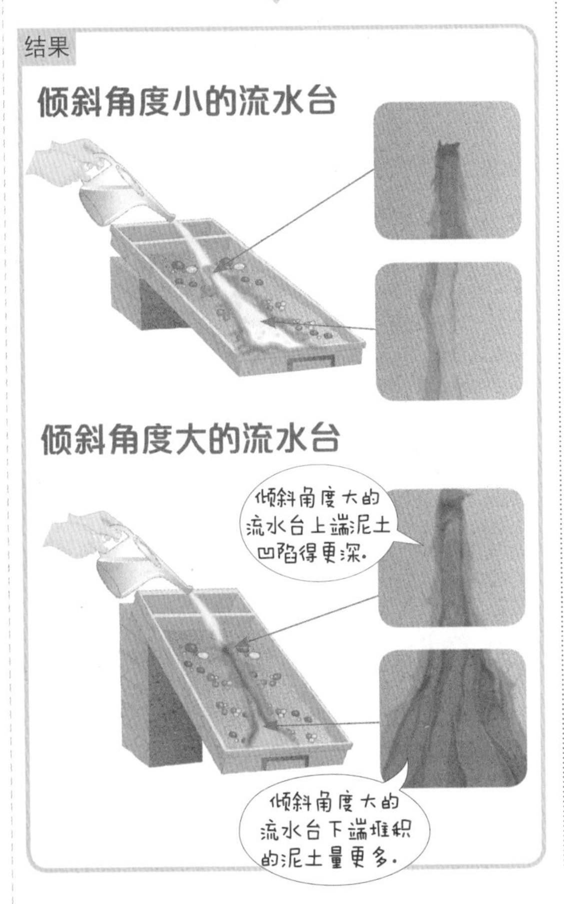

倾斜度相同，流水量不同时

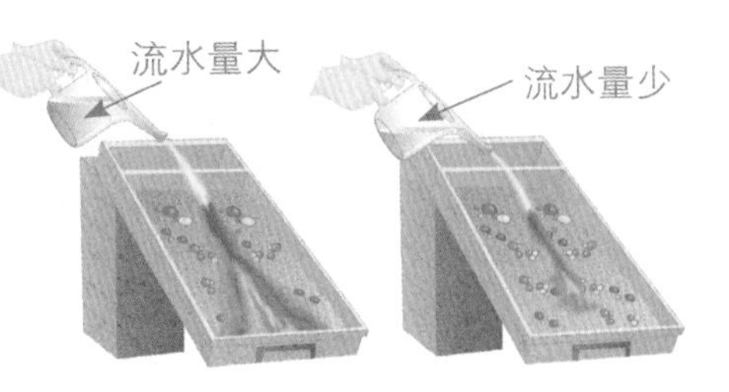

▲ 在两个流水台上放置等量的泥土并设置为相同的倾斜角度，然后同时倒入不等量的水。

结果

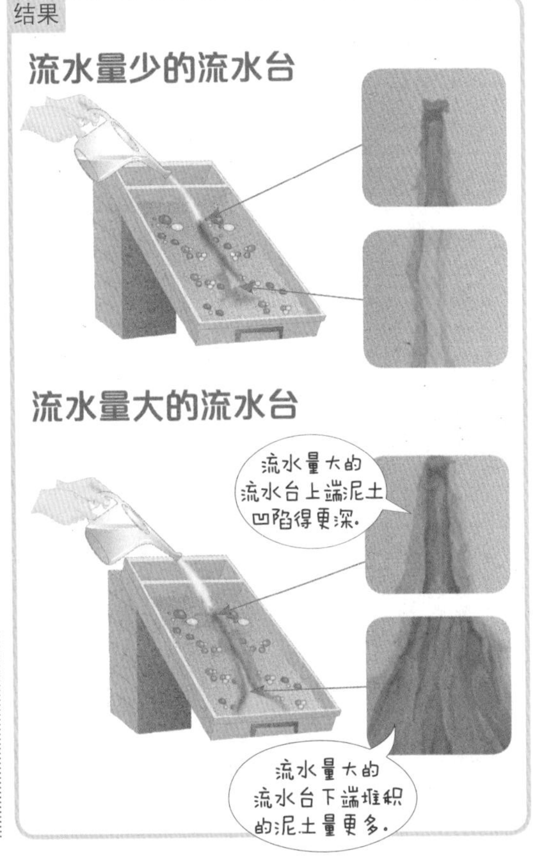

通过实验得知的结论 在流水台的倾斜角度较大或流水量较大时，流水台上端被冲刷掉的泥土量就更大，因此流水台下端堆积的泥土量也就更大。即倾斜得越厉害（水流越快），水流的量越大，地表因流水产生的变化也就越大。

河流周边的地形变化

沿着江河从上游一直往下走就会看到江河周边不同的景象。我们将江河分为上游、中游和下游，看一看不同流域的景观都有什么区别。

准备材料 关于江河周边的资料

上游

▲河水的宽度较窄，倾斜坡度较大。水量少，水流湍急，水道曲折。周边可以看到很多岩石和石块，流水对江底和江边的侵蚀作用明显。在江河的源头区域可以看到堤坝、山庄和农田等。

中游

▲河水的宽度变宽，倾斜坡度也变得平缓，但水道依然有曲折。水量变多，水流变得缓慢。周围可以看到很多沙子和小石块，流水的夹带作用明显。这里是江边最发达的区域，通常会发展出村庄或小城市。周边还可以看到果树园、牧场、农田和稻田等。

下游

▲河水的宽度变得更宽，水道几乎没有倾斜的坡度。水量非常大，水流相当缓慢。水底堆积了大量的沙子，沉积作用明显。在江海交接的地带通常会发展出大城市、渔村，周边还可以看到采沙场、河口堤坝等。

通过观察得知的结论 江河从上游到下游的地形都在发生变化。上游的水对地表主要起到的是侵蚀作用，到了下游就演变成了沉积作用。江河的上游、中游和下游周边的景观，石头和沙子的颗粒大小以及水量、水流都存在区别。

75 实验 波涛拍打下的海岸变化

准备材料 水缸、沙子、水、写字用的垫板

江水在流动的过程中会逐渐改变地表的模样。除了流水以外，波涛经过一定的过程也可以改变地表的模样。下面我们就来制作一个模型，了解一下地表是如何因波涛而产生改变的。

地表因波涛而产生的变化

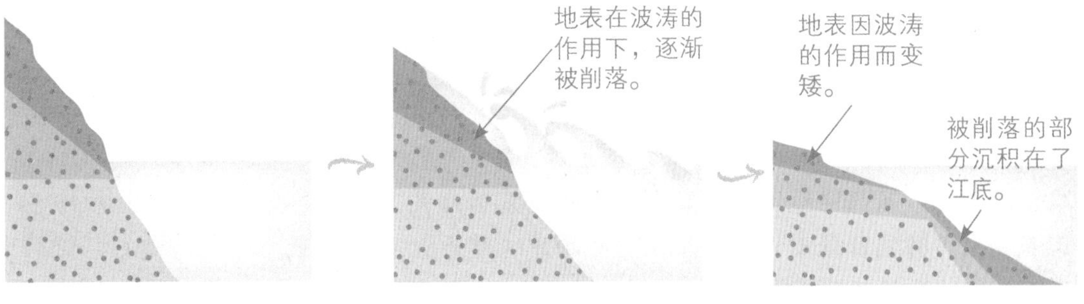

① 用沙子在水缸的一侧堆起河岸的样子，加水淹没至河岸的一半左右。

② 用写字的垫板在水面上制造出波涛。

▲ 堆积在水缸一侧的沙子被冲到了水缸的另一侧并堆积了起来。

通过实验得知的结论 海岸上相对较松软的部分在波涛长期的拍打和冲刷作用下会被侵蚀掉，侵蚀下来的物质逐渐沉积起来改变了海岸的模样。海岸的岩石在波涛长期的侵蚀下会形成海蚀洞穴，海蚀洞穴倒塌之后就形成了海蚀悬崖。

海蚀洞穴

海蚀悬崖

科学家的眼睛

海边的地形

海边地形的变化也可以参照流水台的实验来进行解释。即流水台上端的部分就相当于陆地中向海洋凸起的部分。这里主要受到海水的侵蚀作用，容易形成洞穴或悬崖。相反，海洋向陆地凸起的部分则相当于流水台的下端，这里主要发生沉积作用，因此在这个区域沙场会比较发达。

A是陆地向海洋凸起的部分，侵蚀作用明显。
在这里发生的侵蚀作用与流水台实验中上端发生的侵蚀作用相类似。▶

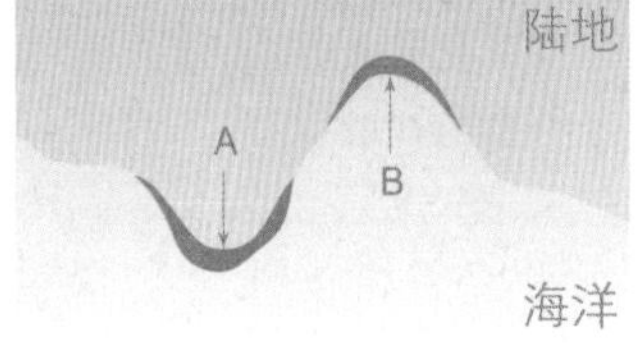

◀ B是陆地向内侧凹陷的部分，波涛力度不大，沉积作用明显。
在这里发生的沉积作用与流水台实验中下端发生的沉积作用相类似。

火山

火山喷发是什么样子的，喷出的都是些什么物质？
另外火山会对我们的生活产生哪些影响？

76 观察 火山喷发出了什么

地球内部的岩石融化之后会形成岩浆。这些岩浆选择在地壳脆弱的地方，穿过缝隙瞬间喷发到地表的现象称为**火山喷发**。火山在喷发的时候会带出许多物质，这些物质统称为**火山喷出物**。下面我们就来了解一下火山喷出物的种类和特征。

准备材料 火山喷发的视频资料或图片资料、固体火山喷出物、放大镜

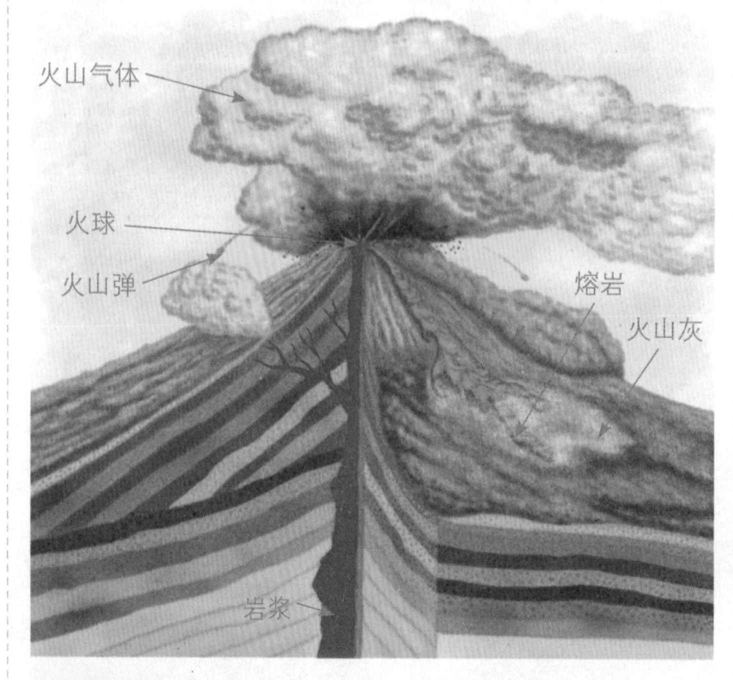

▲火山气体（气体）
大部分是水蒸气，另外还包含二氧化碳、氮气和二氧化硫气体等。

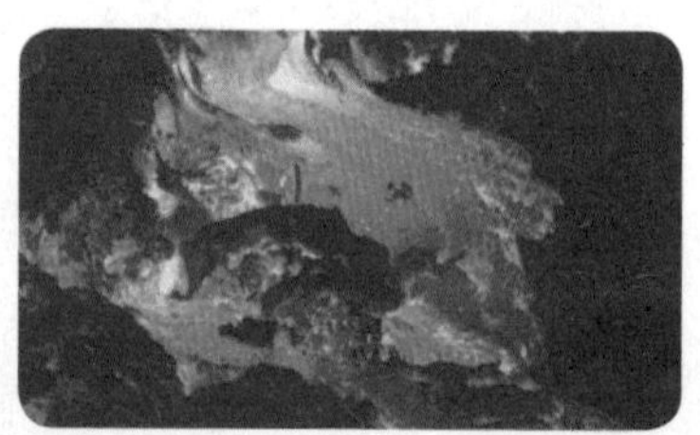

▲熔岩（液体）
喷发到地表的岩浆。

▲火山灰（固体）
呈灰色，形似炉渣。手感像面粉一样细致。

▲火山弹（固体）
呈深灰色球形。手感细致，质感轻盈。

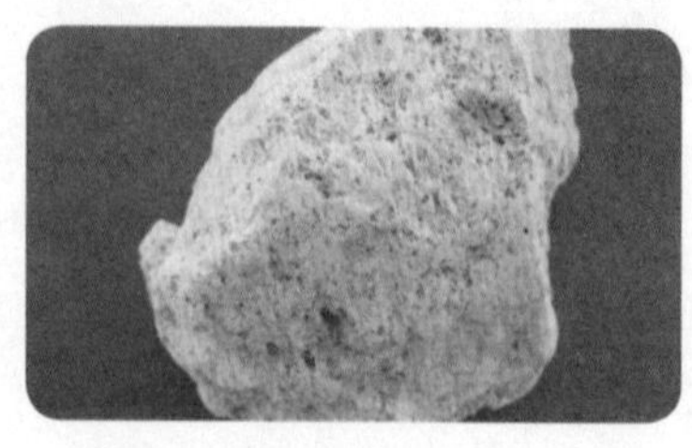

▲浮岩（固体）
呈淡灰色，表面有很多空洞。手感细致，质感轻盈。

通过观察得知的结论 火山喷发时会带出各种呈气体、液体和固体形态的物质。

77 观察 不同种类火山的形态

火山不同于普通的山，一提到火山人们通常会联想到山顶向下凹陷的样子。虽然所有的火山都会发生火山活动，但是火山的模样却是各种各样的。下面我们来观察各种各样的火山外观，了解一下这些火山为什么长成这个样子。

准备材料 国内外的火山图片

山顶上有湖的火山

▲ 山顶上有湖。（白鹿潭）

▲ 山顶上有破火山口。（天池）

▲ 山顶上有破火山口。

◀ 火山喷出岩浆的地方冷却之后发生沉降，或者因大爆炸而产生的洼地，这些都被称为“破火山口”，在破火山口积水形成的湖被称为“火山口湖”。

各种模样的火山

▲ 山脚坡度平缓，山顶陡峭。

▲ 仿佛一口倒扣着的大钟，山路陡峭。

▲ 郁陵岛是熔岩台地。

▲ 熔岩流淌，涌出的熔岩流向大海。

通过观察得知的结论 有的火山口积水，有的火山有火山口湖，有的火山陡峭，有的火山坡度平缓，也有完全没有倾斜的熔岩台地，火山的样子各不相同。熔岩量的不同，熔岩粘滞性（黏稠度）的不同，以及熔岩的流动都会对火山的大小、倾斜程度产生影响。

火山根据不同的特征可以分为倾斜角大的火山和倾斜角小的火山，山顶有湖和山顶没有湖的火山，正在喷发的火山和过去喷发过的火山等。

科学家的眼睛

火山的种类

火山不仅外形各不相同，还可以根据熔岩的粘滞性进行分类。熔岩粘滞性小、容易流动的话，那么火山的倾斜角就可能比较小；但如果熔岩粘滞性大、不容易流下来的话就可能会形成倾斜角大的火山。

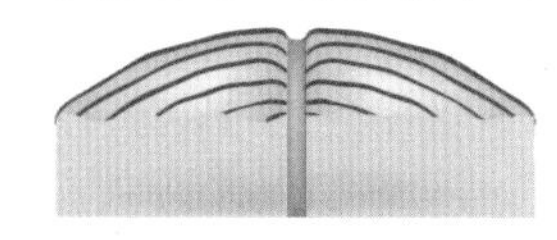

▲ **盾状火山**
熔岩的粘滞性较小，流动性大，因此形成的火山倾斜角较小。济州岛的汉拿山就是盾状火山。

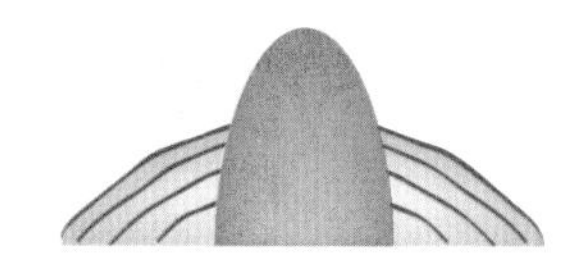

▲ **钟状火山**
熔岩的粘滞性较大，流动性差，因此形成的火山山壁陡峭。济州岛的山房山就是钟状火山。

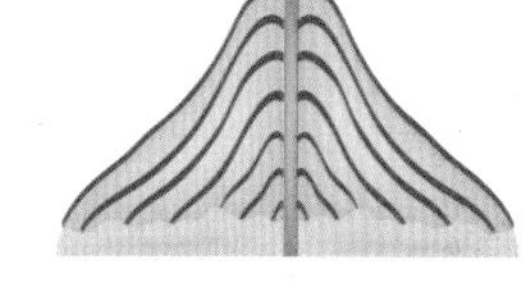

▲ **复式火山**
熔岩和火山灰一层一层叠加起来的。日本的富士山就是复式火山。

78 实验 制作一个火山模型

通过图片资料观察不同火山喷发时的样子，然后选择一种想要表达的火山，动手制作一个火山模型，要求将选择火山的特征表现出来。

准备材料 各种形状的火山图片、硬纸板、塑料漏斗、黏土、橡皮泥、颜料和毛笔

① 把塑料漏斗倒扣在硬纸板上。

② 用黏土和橡皮泥进行装饰。

③ 用水彩和毛笔给火山模型涂上颜色。

各种形状的火山模型

通过实验得知的结论 火山喷发时，喷出的物质种类很大程度上决定了火山的模样。大家可以利用各种不同的材料制作各式各样的火山模型。

科学家的**眼睛**

火山的喷发形态

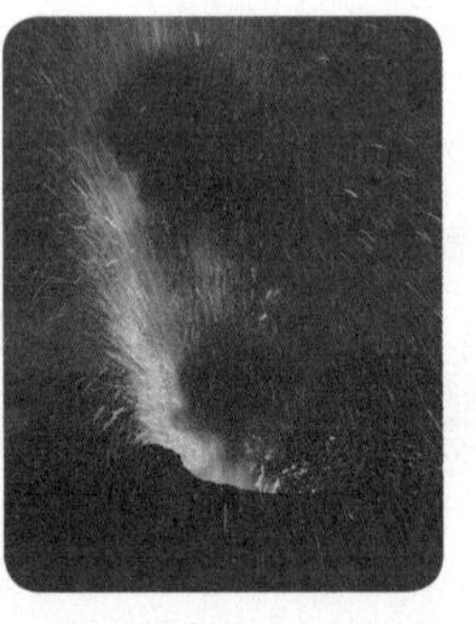

▲ **爆发性喷发**

激烈地爆发，喷出大量的气体和灰尘。

火山气体

熔岩

岩浆

▲ **非爆发性喷发**

非爆发性喷发仅有黏稠的岩浆潺潺地、安静地流出火山口。

火山内部的样子

火山口：呈圆锥形，向下内陷，可以看到陡峭的内壁，是火山的顶端部位。

寄生火山：熔岩沿着侧面的火道喷发而形成的山。

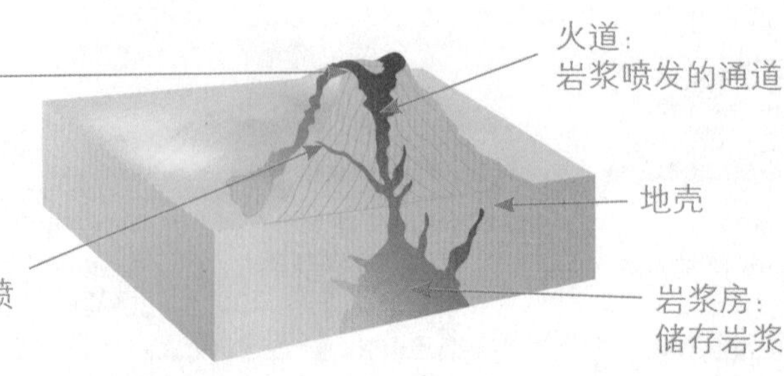

火道：岩浆喷发的通道

地壳

岩浆房：储存岩浆的地方

观察花岗岩和玄武岩

在因火山活动而形成的岩石中，花岗岩和玄武岩是最具代表性的。但是由于这两种石头形成的地点不同，因此外观也有所区别。先用眼睛观察两种岩石整体的外观，然后再用放大镜仔细观察一下。

准备材料 花岗岩、玄武岩、放大镜、白纸

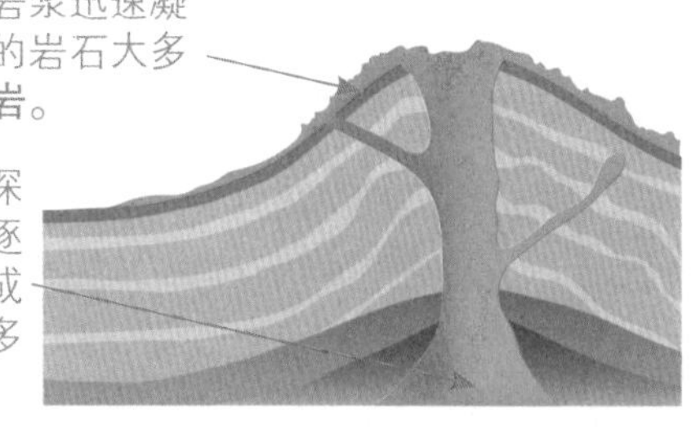

分类	花岗岩	玄武岩
外观		
颜色	灰色	黑色
触感	粗糙	粗糙
颗粒大小	可以用肉眼区分的程度。 原因是岩浆凝固得比较慢。	非常小 原因是岩浆冷却得非常快。
其他特征	底色为亮色调，可以看到闪烁的黑色小颗粒。	旁边有大小不一的孔洞。 由于岩浆在穿过地壳喷射到地面的过程中气体成分蒸发掉了。

通过观察得知的结论 因火山活动而形成的岩石，随着形成地点的不同而拥有不同的特征。花岗岩是岩浆在地下缓慢凝固形成的。玄武岩是岩浆喷射出来之后在地表形成的，这时岩浆中的气体都蒸发掉了，在石头上形成了许多孔洞。这两种岩石统称为**火成岩**。

科学家的**眼睛**

由花岗岩和玄武岩构成的地方

▲ 由玄武岩构成的地方，大多是因火山活动而直接在地表附近形成的，这些地方大多颜色偏深。郁陵岛、独岛、济州岛（柱状节理）、汉滩江流域等地区都是由玄武岩构成的。

▲ 由花岗岩构成的地方，大多是在地下生成的花岗岩因地壳变动上移而形成的，这些地方大多颜色明亮。月出山、俗离山、雪岳山、北汉山、仁王山、金刚山等都是由花岗岩构成的。

用思维导图来整理火山活动对我们日常生活所造成的影响。

从火山上流下来的熔岩温度高达1000～1200℃。因此熔岩流经的地方瞬间就会遭到摧毁，同时还会引发火灾，使周边区域也一同被摧毁。

被熔岩埋没

意大利南部城市庞贝由于火山突然喷发，许多人死于火山灰的掩埋。

火灾

坏处

1883年，位于印度尼西亚爪哇岛西部的喀拉喀托火山喷发时，在地表堆积起了高约50km的火山灰。这些火山灰包裹在地球周围隔离了部分阳光的照射，地球的温度甚至因此而降低了0.5℃。

火山气体和火山灰

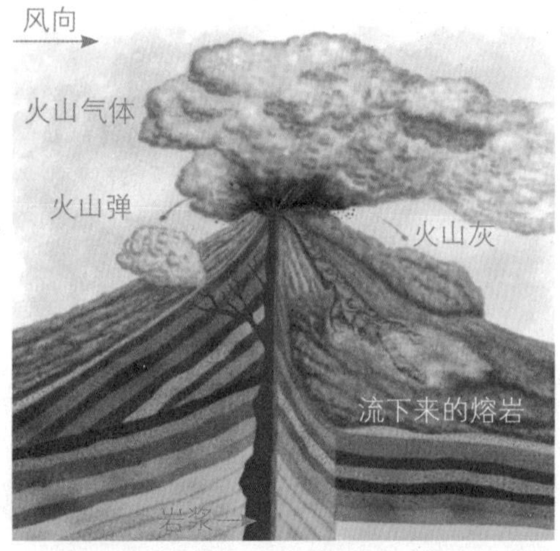

▲ 火山灰如果遭遇大风，不仅发生火山活动的地区会被摧毁，就连同周边的地区也会因此而受灾。

山崩

地震、海啸

▲ 火山喷发还会引起地震、山崩、海啸等自然灾害。

科学家的眼睛

火山学家的工作

火山学家们把位于火山附近的观察点作为探险基地，对火山进行科学研究。他们的主要工作是采集火山附近的气体、熔岩、岩石等作为研究资料，并测量附近的温度。另外他们还要通过火山喷发之前发出的声音，以及观察火山口翻涌的样子对火山的喷发进行预测，告知人们提前躲避，以防受到伤害。

益处

旅游地和旅游景点

◀韩国最具代表性的旅游地济州岛就是因火山活动而形成的。

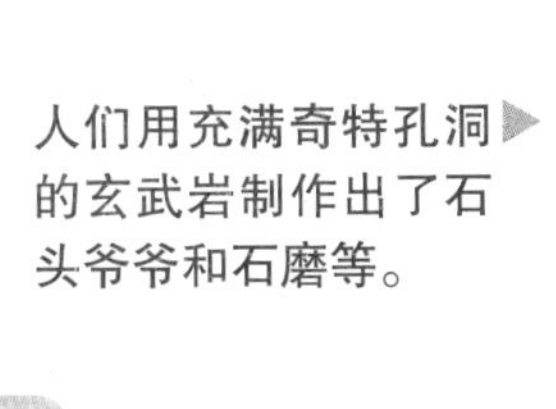

人们用充满奇特孔洞的玄武岩制作出了石头爷爷和石磨等。▶

资源

◀在因火山活动而形成的岩石中可以找到宝石资源。并且可以通过这些岩石研究地球内部的物质。

地热发电

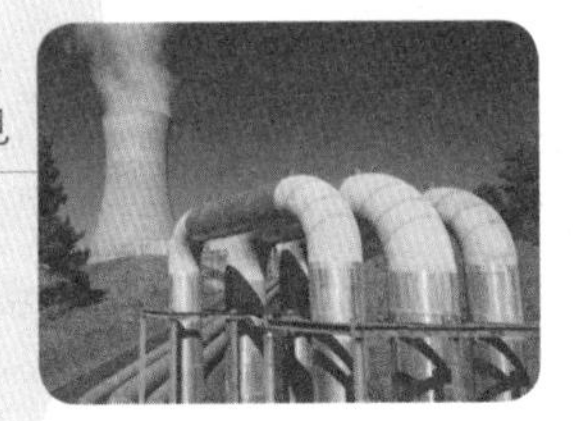

◀利用岩浆加热的水蒸气来发电。

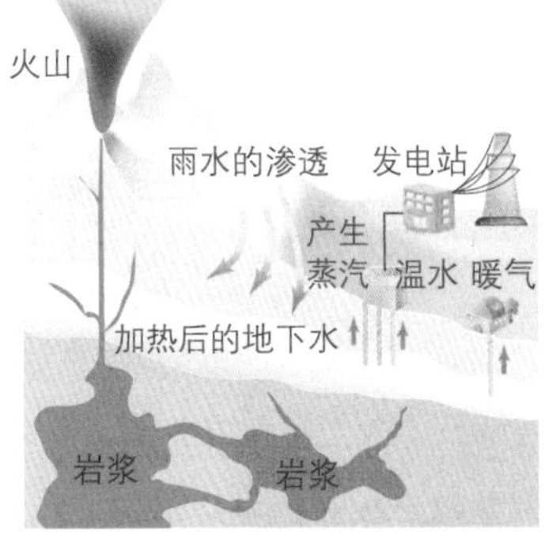

温泉

◀温泉里的热水是由岩浆加热后的地下水。其中道高温泉是韩国最著名的硫磺温泉。散发着臭鸡蛋味的硫磺成分可以辅助治疗皮肤疾病。

火山地带

◀火山地带的土壤非常肥沃，因为其中含有丰富的矿物质和锗元素。可以在这里开垦出果蔬园或农耕地。另外，人们还利用火山灰制造美容面膜。

间歇泉是间断喷发的温泉，喷发时会有大量的热水和水蒸气喷出。▶

通过调查得知的结论 火山活动是一种自然灾害，火山喷出物造成的掩埋和窒息让人们受伤或失去生命，同时人们还可能失去生活的家园。另外，火山还会引发地震、山崩、海啸等其他的自然灾害，加重人们的生命财产损失。因此火山活动会对我们的生活产生许多不利的影响，但是火山活动也有益处。例如由火山活动形成的旅游景点或旅游线路，火山活动向人们提供资源，还可以用岩浆加热的地下水来发电，建造温泉等。另外，火山灰中含有丰富的矿物质可以让土壤变得更加肥沃。

地震

地震是如何发生的？发生地震时会有哪些现象，我们应该如何应对？

81 实验 了解地层的弯曲和断裂

地震是如何发生的？下面我们就用泡沫板做一个地层弯曲和断裂的实验，观察实验中都发生了哪些现象。

准备材料 四种不同颜色的泡沫板各一张

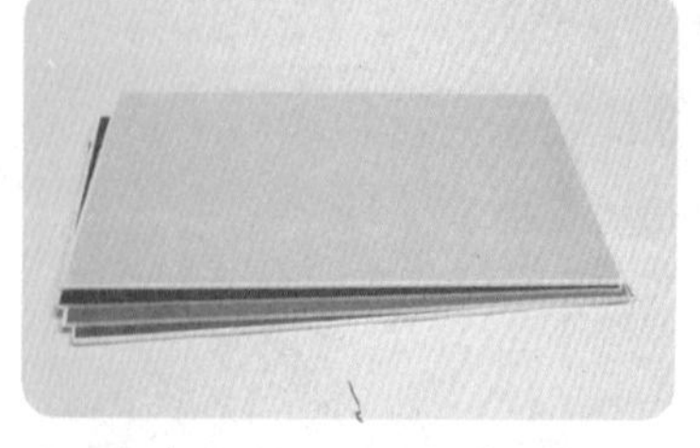

① 准备几张不同颜色的泡沫板，依次叠放在一起。

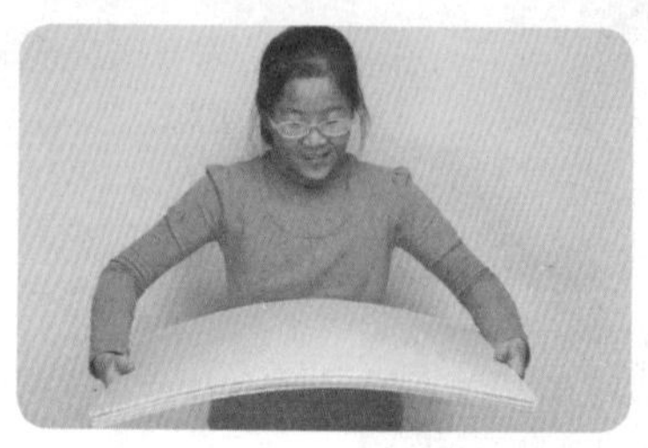

② 双手握住泡沫板的两端，轻轻地向中间推。

③ 逐渐加大推力，观察泡沫板的样子发生了怎样的变化。

轻轻推的时候

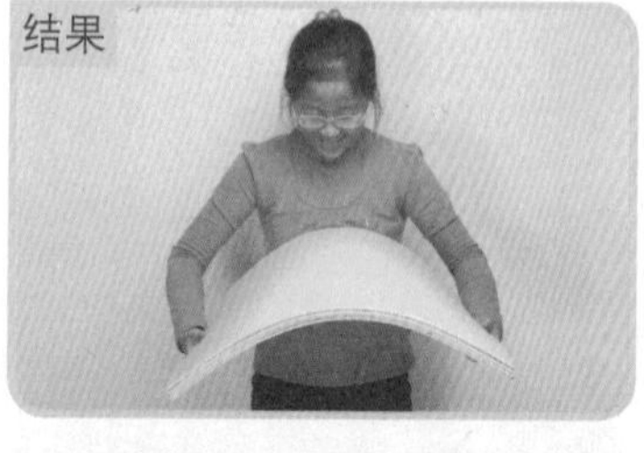

▲ 泡沫板的中间向上弯曲隆起，泡沫板的两端向下弯曲凹陷。

褶曲

◀ 水平沉积起来的地层受到来自侧面的力量就形成了波浪式的褶皱，这种褶皱被称为**褶曲**。在轻轻推动泡沫板的时候，弯曲的部分就相当于现实地层中出现的褶曲。

用力推的时候

▲ 加大推力之后，泡沫板继续弯曲最终断裂。断裂的时候，泡沫板断裂的部位和抓住泡沫板的双手都会感觉到颤抖。

断层

◀ 地层受力发生弯曲或延展，当地层已经无法再发生变形时，相对脆弱的部分就会发生断裂产生缝隙。这时缝隙两侧的岩石发生位移，彼此错开就形成了**断层**。当我们加大推动泡沫板的力量时，泡沫板断开的部分就相当于现实地层中出现的断层。

科学家的眼睛

断层的种类

在发生断裂的平面上，位于上方的岩石块称为上盘，位于下方的岩石块就称为下盘。发生断层的时候，上盘推动下盘使之上移，即上盘在下盘下面的断层称为“正断层”；下盘在上盘下面的断层称为“逆断层”；上盘和下盘发生水平位移错开的断层称为“平移断层”。

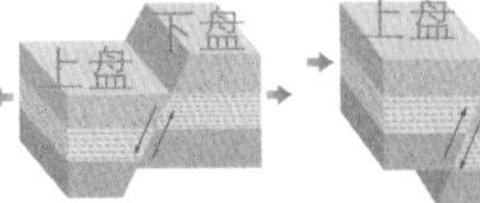

正断层

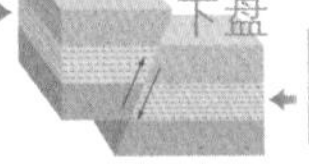

逆断层

平移断层

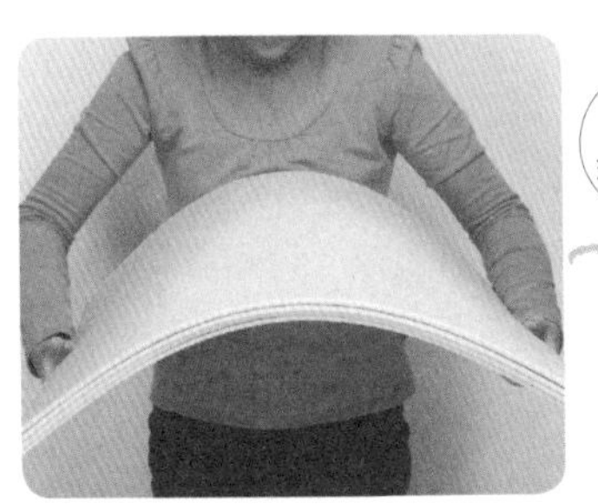
泡沫板发生变形时

泡沫板发生断裂时

◀ 对模型与真正的褶曲和断层进行比较会发现相似度还是比较高的。通过实验我们可以知道地层是真的会发生弯曲和断裂的。

实验中模型是因为双手的推力而发生变形和断裂的，而真正的地层则是在地球内部力量的作用下产生褶曲和断层的。

另外，在实验中当泡沫板发生断裂时，抓住泡沫板的双手会感觉到颤抖。反映到真正的地层中这样的颤抖现象就会引发地震。

〈实验模型和真实地层的比较〉

区分	实验模型（泡沫板实验）	真实地层
力量	双手给出的推力非常小。	地球内部的力量非常大。
时间	花的时间非常短。	需要经历漫长的时间。
外形	发生弯曲或断裂。	产生褶曲和断层。
结果	泡沫板发生断裂时双手颤抖。	发生地震。

通过实验得知的结论 叠放在一起的泡沫板，双手用力往中间推的话会发生弯曲或断裂的现象。真正的地层也会受到地球内部的力量，并因此而发生弯曲或断裂。这时弯曲的地层称为**褶曲**，断裂的地层则称为**断层**。另外当我们用双手给泡沫板施加推力时双手会发生颤抖，地层也是如此。因此在发生断裂时可能会引发地震。

科学家的眼睛

褶曲的结构

弯曲呈波浪形的地层称为褶曲。褶曲一般情况下可以分为背斜和向斜两个部分。

岩石受力向上弯曲隆起的部分称之为**背斜**，向下凹陷的部分称之为**向斜**。背斜和向斜可以参照褶曲的地层来进行区分。著名的褶曲山脉有喜马拉雅山脉、阿尔卑斯山脉和安第斯山脉等。

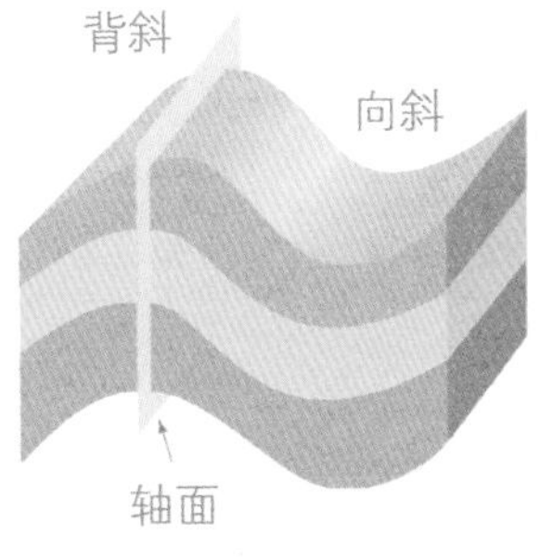

阿尔卑斯山脉

82 调查 最近发生的地震

通过网络和报纸搜集关于最近发生的地震的报道。调查地震发生的地点、规模、损失情况，并且了解表达地震强度的方法。

准备材料 与地震有关的报道资料或网络新闻

新疆于田发生7.3级地震，暂无人员伤亡

报道时间 2014-02-13 报道原文

2014年2月12日傍晚，位于我国新疆维吾尔自治区和田地区于田县发生了里氏7.3级地震，由于地震发生地区人员稀少，截止2月13日8时，暂无收到人员伤亡报告。震后于田县气温较低，震区居民需注意做好防寒保暖工作。

发生地震的地点

地震的规模

新疆和田于田地震 和田喀什等地区震感强烈

2014年2月12日17时19分50秒，新疆和田地区于田县(北纬36.1度，东经82.5度)发生里氏7.3级地震，震源深度12千米，和田、喀什地区震感强烈。

新疆和田地区政府获悉，截至2月12日23时统计，地震已造成于田、策勒、民丰、洛浦、墨玉五县6334人受灾，转移安置925人，倒塌房屋122间，严重损坏房屋160间，一般损坏房屋2446间，灾害直接经济损失3364万元，暂无人员伤亡报告。目前各地救灾物资正在陆续运往灾区。

地震的灾害程度

〈2014.02.13 来源：天气网〉

智利8.2级地震引发2米高海啸，多国发布预警

报道时间 2014-04-02 报道原文

据美国地质勘探局网站消息，北京时间4月2日7时46分45秒，智利西北部附近海域发生8.0级地震，震源在智利北部城市伊基克西北方向99公里。南美多国已经发布海啸预警。

地震的规模

发生地震的地点

据外媒报道，智利西北部沿海发生8.2级地震，引发的第一波海啸已经抵达智利沿岸，海浪约高6.9英尺(约合2.1米)。

位于夏威夷的太平洋海啸预警中心已经发出海啸警告。太平洋海啸预警中心称，海平面读数显示有海啸生成。这一海啸有可能对震中附近的海岸产生破坏性的后果，也有可能对更远的地方造成威胁。

地震的灾害程度

预警称，为了应对这种可能性，当局应采取适当措施。

〈2014.04.02 来源：中新网〉

通过实验得知的结论 在关于地震的报道中我们常会看到“震级”这个词。震级是指地震的强度，数字越大就表示地震越强烈。而且即使是在同一次地震灾害中，靠近震中的地区和远离震中的地区受灾情况也是不同的。因此人们在描述地震的时候，还会用到“地震烈度”这个词。地震烈度表示的是地震造成的破坏程度。

表示地震强度的“地震震级”和表示破坏程度的“地震烈度”

地震的强度用“震级”表示，用阿拉伯数字来表述，保留小数点后一位数。震级1的地震强度相当于60吨炸药的威力。数字越大就表示地震的强度越大，数字每增加1，地震的强度就增加30倍。由此可以推算出，震级3的威力约为震级1的900倍。

〈里氏地震规模引发的灾害〉

里氏规模	地震影响	年平均地震次数
2.0~3.4	人类感觉不到，只有地震仪可以测量到	800,000
3.5~4.2	少数人可以感觉到	30,000
4.3~4.8	大多数人可以感觉到	4,800
4.9~5.4	所有人都可以感觉到	1,400
5.5~6.1	对建筑物有一定的损害	500
6.2~6.9	对建筑物有相当大的损害	100
7.0~7.3	严重的破坏，铁路弯曲	15
≥7.4	大破坏	4
≥8.0	几乎是完全性的破坏	0.1~0.2

震级的概念是1935年由美国的一位名叫里克特的地震学家最先提出的，因此人们又称地震震级为“里氏地震规模”。里克特在对美国南部加利福尼亚州地区发生的地震强度进行数值化的过程中，率先引入了地震规模，即地震震级的概念。他还曾经提出可以用能量的单位来表示地震的强度。震级就表示地震发生时释放出的能量的量。地震发生时，无论距离地震发生地有多远的距离，地震的震级都是相同的。

一般情况下地震震级越大，造成的破坏也就越大。但即使是相同震级的地震，造成的破坏程度也不是完全一样的。距离地震发生地越近的地方受到的破坏越大，距离越远的地方受到的破坏越小，这是无可厚非的事情。因此又出现了另外一个表示地震破坏程度的概念，即“地震烈度”。经历过地震的人在接受采访时会说“地震的时候站不住”之类的话，可见人们都是参照周围建筑物的晃动程度等主观标准来判断地震强烈等级的。

1902年意大利的地震学家麦加利提出了12个等级的麦加利地震烈度，用罗马数字（Ⅰ、Ⅱ、Ⅲ……）来表述。在同一场地震中，不同地区的地震烈度可以是不同的，通常越靠近震中地震烈度就越大。

震源和震中

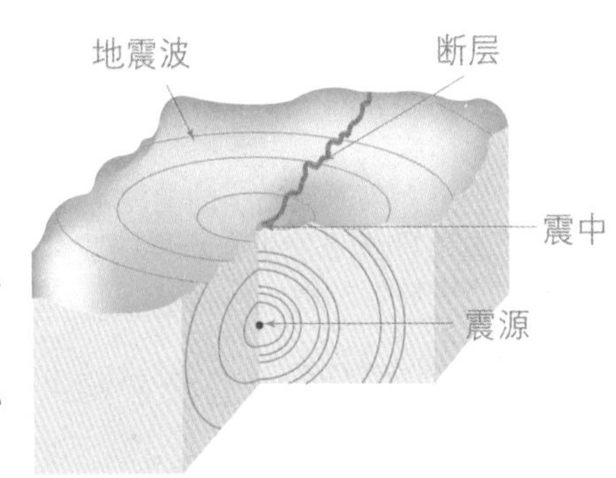

在关于地震的报道中我们常会看到震源和震中这两个词。**震源**是指地球内部最先发生地震的地点，约在地下50~60km的地方。**震中**是指震源垂直对应的地表位置，又称震源地。地震的规模越大，震中的范围也就越大。而且震中往往是受到地震灾害最严重的地区。通常震中的震动强度最大，距离震中越远的地区震动的强度也就越小。

地震学

1755年11月葡萄牙的首都里斯本发生了非常严重的地震。这次地震导致6万名以上的民众丧生。在对欧洲造成极大影响的里斯本地震发生之后，科学家们开始意识到研究地震的必要性，因此“地震学”应运而生。

对地震的发生进行预测是科学家们研究地震的重要目标。世界各国都在大学或研究所中进行地震研究。地震预测研究是对过去发生过严重地震的地区的历史，以及地壳的岩石里蓄积力量的大小进行研究。

地震容易发生在哪里

经常发生地震的区域称为地震带，经常发生火山活动的区域则称为火山带。从地图上来看，主要的地震带和火山带如下所示。

准备材料 地震带地图、火山带地图、彩色铅笔

地震带

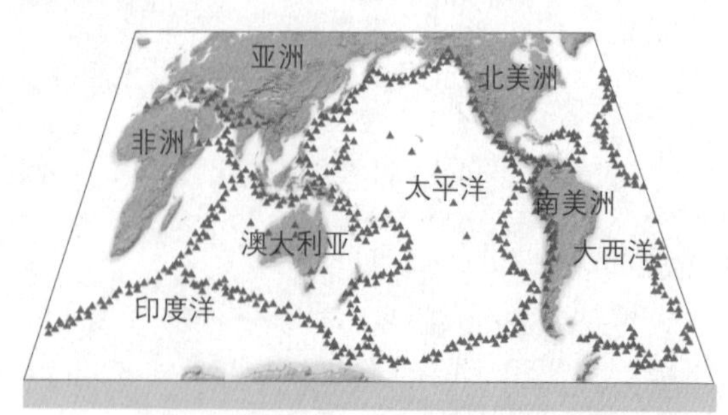

▲ 日本、印度尼西亚、印度、伊朗和南美地区等是经常发生地震的区域。

火山带

▲ 日本、印度尼西亚、印度、伊朗和南美地区等是经常发生火山活动的区域。

如果把地震带和火山带归纳到一张地图中的话如下所示。

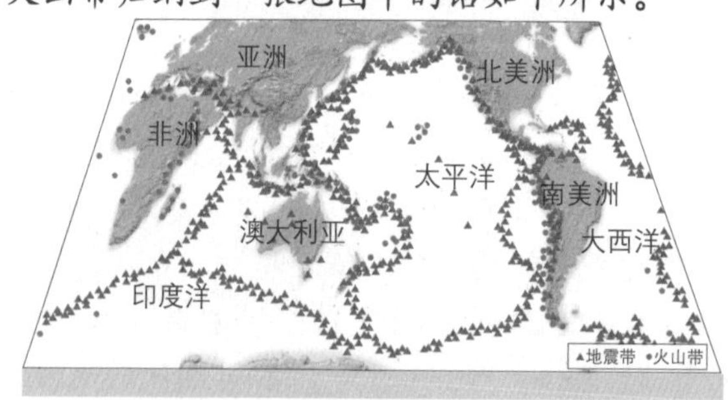

▲ 将地震带和火山带的两张地图归纳在一起的话会发现，地震带和火山带的区域几乎是重叠的。因为火山爆发和地震都是在地球内部力量集中的地区发生的。韩国和美国之间的太平洋沿岸，欧洲和非洲之间的地中海沿岸，喜马拉雅山脉附近都是经常发生地震和火山活动的地区。
围绕太平洋而出现的地震带是呈环形的，因此又称为“环太平洋地震带”，全世界约80%的地震都是发生在这里的。同时这里的火山活动也十分活跃，因此人们又称这一区域为“火环”。

通过调查得知的结论 将经常发生地震的地震带和经常发生火山活动的火山带在地图上一一标注出来会发现，地震带和火山带的区域是非常相似的。太平洋沿岸和地中海附近都是地震和火山活动的高发区域。

科学家的**眼睛**

为什么地震带和火山带几乎重叠

在前面我们已经看到了，地震带和火山带的区域非常相似。原因是火山活动和地震都是发生在地球内部力量集中的地带。也就是说当火山喷发的时候，地壳里的岩石也恰好受到岩浆和气体喷发时产生的高压的作用发生断裂，因此而引发地震。

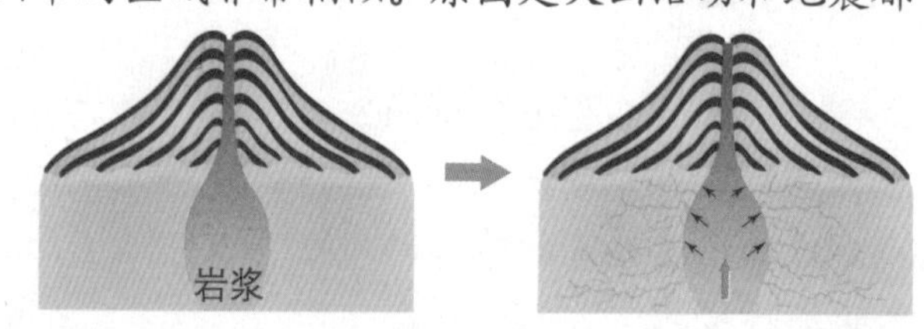

亲手做一个地震记录仪

地震可以提前预测吗？地震学家们利用地震仪来预测地震的发生。下面我们就来制作一个简易的地震仪，了解一下他们是根据什么原理来预测地震的。

准备材料 支架、橡皮泥、签字笔、线、白纸、剪刀

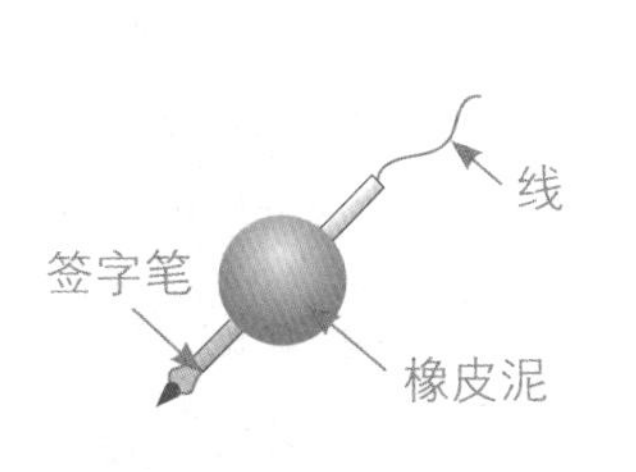

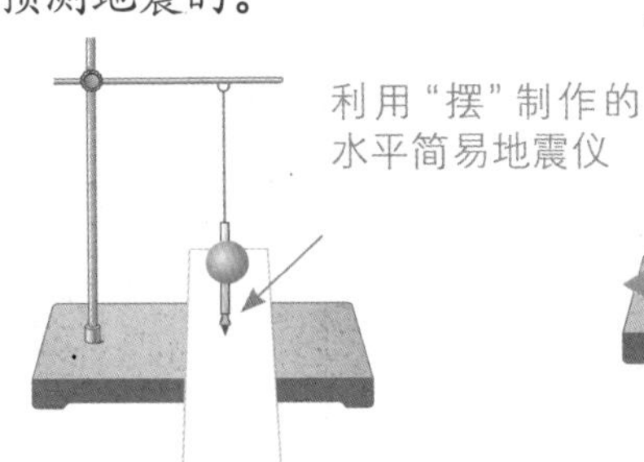

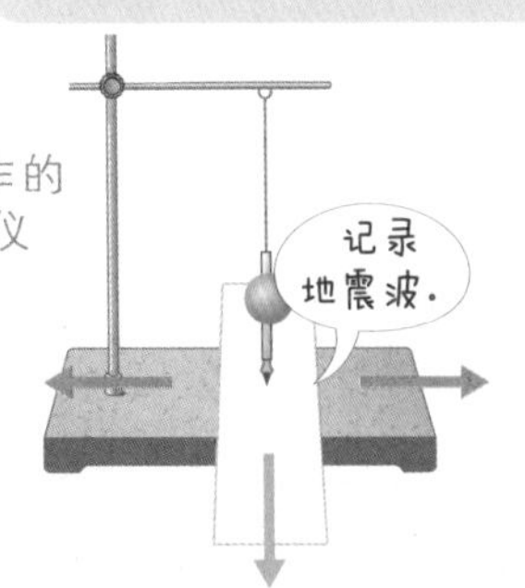

① 用线把签字笔绑起来，再用橡皮泥裹住签字笔仅留出笔头制成摆。

② 用线把签字笔系在支架上，注意笔头应该能够接触到底面，把长条形的白纸放在笔尖下面。

③ 轻轻地拉动白纸的同时左右晃动放有支架的桌子。观察签字笔在白纸上画出的东西。

通过实验得知的结论 地震发生的时候地面会发生晃动，这时以静止不会移动的物体为基准就可以记录下震动的情况。即利用运动状态变化时产生的惯性来进行测量，而且质量越大越有利。也就是说因为有摆质量的存在，即使底面的白纸发生移动，摆依然可以保持不动。因此当地震发生时，摆上的笔就会在白纸上画出“之”字形的线条。这就是所谓的“地震记录（震动图Seismogram）”。除了上面我们用摆制作的水平简易地震仪以外，还有一种利用弹簧制作的垂直简易地震仪。

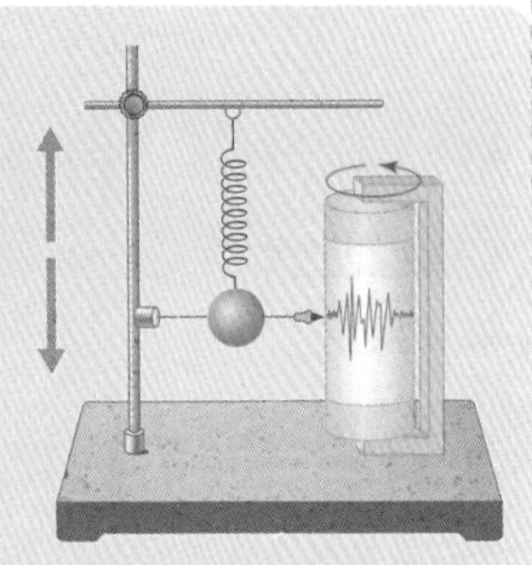

利用弹簧制作的垂直简易地震仪

科学家的**眼睛**

什么是地震波？

在装有水的碗里用铅笔撩动水面的话会出现波纹并向外传播。同理所谓的地震波就是地震发生时产生的能量，以波动的形式并以地震发生地为中心向四面八方进行传播。

地震波的种类有P波、S波等。通过地震波人们不仅可以了解地球内部的构造，还可以找出地震的发生地在哪里。

▲ **P波（纵波）**
在气体、液体、固体等所有状态的物质中都可以传播。传播速度比S波快。

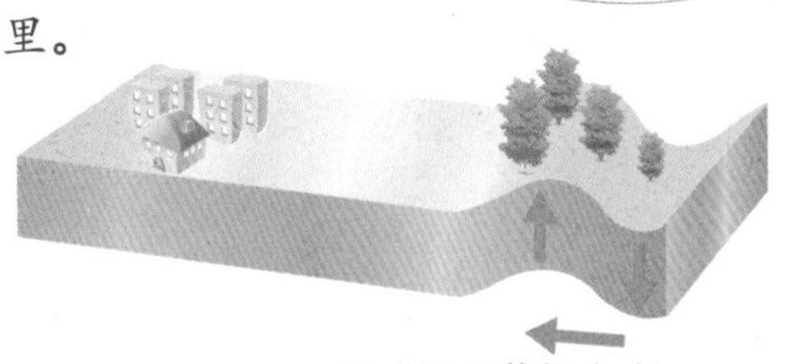

▲ **S波（横波）**
只能在固体中进行传播的地震波，传播速度比P波的慢。

85 调查 地震发生时我该怎么办

地震发生时建筑物会发生倒塌，并引发火灾使人们受伤或者失去生命。下面我们就来看一下为了减少地震的灾害，我们都应该付出哪些努力。

地震的灾害

▲ 地面晃动或开裂。

▲ 建筑物的墙壁出现裂缝甚至倒塌。

▲ 人们受伤或者失去生命。

▲ 水电供应中断，引发火灾。

▲ 堤坝倒塌，发生洪水。

▲ 发生海啸，沿海地区附近受到极大的灾害。

地震发生时的避难方法

▲ 躲到桌子底下蜷起身子，用坐垫等柔软的物体保护头部。

▲ 不坐电梯改走楼梯避难。

▲ 远离那些有掉落危险的物体。

▲ 检查电暖炉或煤气等，保证关闭。

▲ 通过便携式的广播或电视获取正确的信息。

▲ 如果地震发生时正在开车，应将车辆停靠在路边之后，下车躲避。

通过调查得知的结论 地震的发生会造成大量财产和生命的损失。虽然人类无法阻止地震的发生，但是通过了解正确的应对方法还是可以从一定程度上减少地震的灾害。在地震发生之前应该把房子建得足够牢固，提前消除在地震中诱发事故的原因。另外，地震发生之后应该尽量避开那些有倒塌危险的房屋，尽量帮助受伤的人员。

活着的地球

地球的年龄已经有46亿岁了。地球过去和现在的模样是一样的吗？有些学者主张地球过去和现在是不一样的，下面我们就来跟随这些学者的理论看一看地球究竟发生了哪些变化。看他们是如何描述这个活着会动的地球的……

大陆漂移说

曾经是气象学家的阿尔弗雷德·魏格纳，某天在看世界地图的时候，无意中发现美洲大陆的东海岸岸线和非洲大陆的西海岸岸线有惊人的吻合。依据冰川的痕迹和发现过同种化石的事实，培根提出地球在3亿年前只有一块名为联合古陆（泛大陆）的巨大陆块。这个大陆块随着时间的流逝逐渐分离，最终形成了现在大陆板块的样子。这就是所谓的大陆漂移说。但是当时由于无法说明是什么巨大的力量使得陆地发生移动，因此没能被人们所接受。

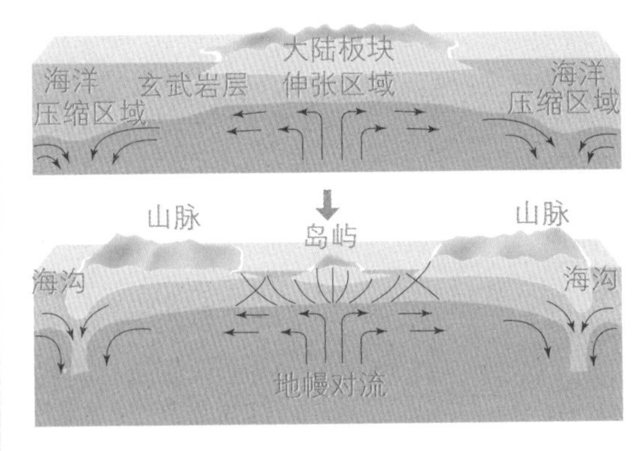

地幔对流理论

霍姆斯提出地球内部的地幔虽然是固体，但是它与坚硬的地壳不同，是可以流动的。他主张大陆板块的变化是长期的地幔运动所引起的。他做出的解释是当地幔发生流动时，飘在上面的大陆板块也会跟着一起移动。

板块构造学说

这个理论主张地球的外部是由几个板块构成的，大陆运动、造山运动等无数的地质现象都是随着板块的运动而产生的。

这些板块随着板块下面的地幔流动而发生移动。正如右边的图中所描述的，当两个板块靠近、滑过或者远离的时候，板块与板块之间的地带是不稳定的。因此这里经常会发生地震或火山爆发。

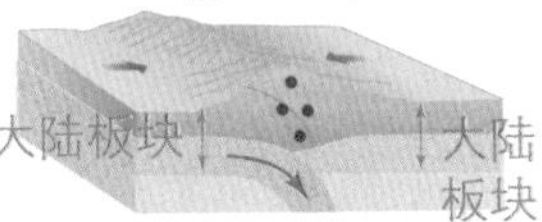

▲ 两个板块彼此发生冲撞中间隆起。

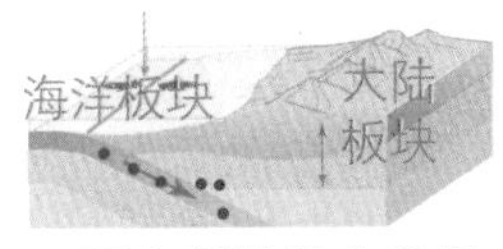

▲ 两个板块彼此靠近时，海洋板块会向下插入大陆板块。

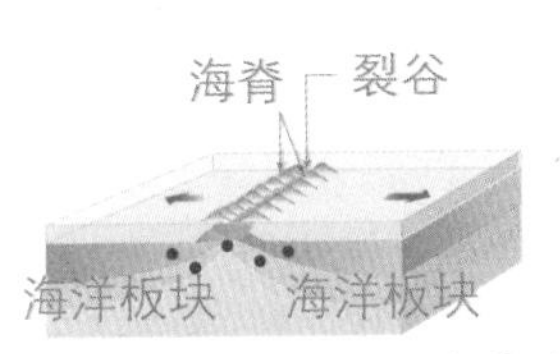

▲ 当两个海洋板块彼此远离的时候会形成新的海洋地壳。

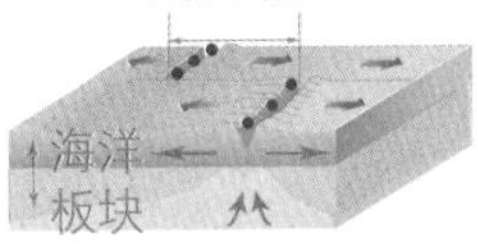

▲ 两个板块平行地彼此划过。

图书在版编目（CIP）数据

少儿科学实验全知道．1 /（韩）梁一镐编著 ；洪梅译．
-- 北京 ：北京联合出版公司，2014.7
（我的小小科学实验室）
ISBN 978-7-5502-3225-9
Ⅰ．①少… Ⅱ．①梁… ②洪… Ⅲ．①科学实验－少儿读物
Ⅳ．①N33-49
中国版本图书馆CIP数据核字(2014)第143336号
版权登记号：01-2014-3304

少儿科学实验全知道 ①

〔韩〕梁一镐／编著　洪梅／译

丛书总策划／黄利　监制／万夏
责任编辑／徐秀琴 宋延涛
特约编辑／康洁　杨文
编辑策划／设计制作／**奇迹童书**　www.qijibooks.com

北京联合出版公司出版
（北京市西城区德外大街83号楼9层　100088）
北京瑞禾彩色印刷有限公司印刷　新华书店经销
265千字　787毫米×1092毫米　1/16　32.25印张
2014年7月第1版　2014年7月第1次印刷
ISBN 978-7-5502-3225-9
定价：119.60元（全四册）